CAIO ZIP

O VIAJANTE DO TEMPO

CAIO ZIP

O VIAJANTE DO TEMPO

Matemática, que bicho é esse?

REGINA GONÇALVES

2ª Edição

Rio de Janeiro 2017

Projeto da capa e miolo: Rafael Nobre | Babilonia Cultural | e Vanessa Rosa
Desenhos de Diana Rosa e Vanessa Rosa
Revisão e diagramação: Regis L. A. Rosa

Adaptado de livro anterior de Regina Gonçalves, "Enigmat: que bicho é esse?", editado em 2003 pela Vieira&Lent.

2ª edição - 2017 - 1ª reimpressão

editoraviajantedotempo@gmail.com www.viajantedotempo.com

CIP-BRASIL. CATALOGAÇÃO-NA-FONTE
SINDICATO NACIONAL DOS EDITORES DE LIVROS, RJ

G629m
Gonçalves, Regina, 1963-
Matemática : que bicho é esse? / Regina Gonçalves.
2.ed. - Rio de Janeiro : Viajante do Tempo, 2017.
184p. : il. ; 23 cm. (Caio Zip, o viajante do tempo)
ISBN 978-85-63382-59-7
1. Matemática (Ensino fundamental) - Ficção. 2. Ficção brasileira. I. Título. II. Série.
17-43348. CDD: 869.93
CDU: 821.134.3(81)-3

SÉRIE DE LIVROS
CAIO ZIP, O VIAJANTE DO TEMPO

O jovem Caio Zip é capturado por uma máquina do tempo que o leva a lugares inesperados em momentos decisivos da História mundial.

ESTA SÉRIE BRASILEIRA FOI PUBLICADA POR GRANDES EDITORAS NA CHINA E NA COREIA DO SUL.

CAIO ZIP, O VIAJANTE DO TEMPO

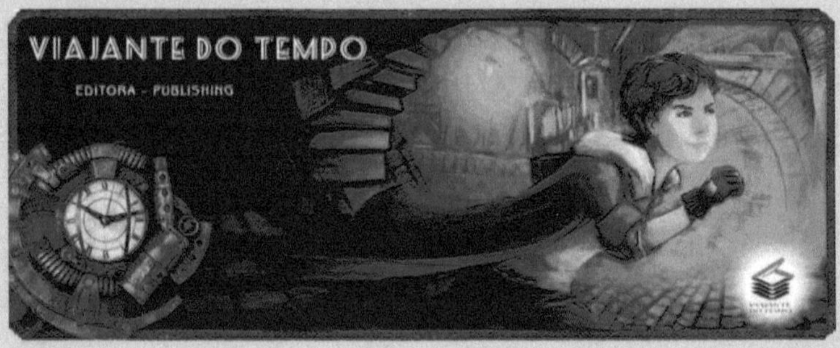

Cada livro da série será seu passaporte para que você faça uma grande viagem no tempo. Sem malas, sem documentos e com Caio Zip, você vai viver em épocas incríveis que vão desde o Antigo Egito, passando por momentos históricos decisivos com Tutancâmon, Ramsés II, Alexandre - o Grande, Aníbal de Cartago, Arquimedes, Marco Polo, Napoleão, os artistas impressionistas, D. Pedro II, Santos Dumont, Einstein, Picasso, Agatha Christie, Chaplin e mais, muito mais.

Caio Zip terá de encarar enigmas que desafiarão a sua mente. Muitas batalhas para lutar e conquistar grandes conhecimentos... Se sobreviver! Mas para sair das encrencas tem de usar o seu maior poder, que mesmo sem perceber ele usa muito bem: o poder da dedução!

Finalmente, você vai ver História, Arte, Filosofia e Ciência combinadas e integradas de uma forma nunca vista. A proposta da série é divertir, educar e atiçar a curiosidade de outro viajante do tempo: o leitor!

CAIO ZIP – o Viajante do Tempo é uma série de livros dedicada às pessoas de espírito jovem de todas as idades.

A ideia principal da série é mostrar a história mundial feita pelos grandes homens e como a matemática e outras matérias foram importantes em suas decisões. Caio Zip é um jovem que participa das descobertas e das grandes batalhas, a cada aventura amadurecendo e aprendendo que para sair das encrencas tem de usar o seu maior poder, que mesmo sem perceber ele usa muito bem: o poder da dedução!

A proposta da série é divertir, educar e atiçar a curiosidade de outro viajante do tempo: o leitor! Além disso, é interdisciplinar, pois combina e integra diversos campos do saber, tais como: história mundial, arte, filosofia e ciências. E a matemática está sempre presente na solução de enigmas, na tomada de decisões em batalhas épicas e durante a investigação de um mistério.

Pelo portal do tempo, Caio Zip avança a seu destino.

Próxima aventura:

MATEMÁTICA – QUE BICHO É ESSE?

SUMÁRIO

Numa casa qualquer, dentro do quarto, muito chateado da vida, estava Caio Zip diante do seu micro sem saber mais o que fazer.

Já tinha passado de todas as fases daquele jogo novo e os outros jogos já não tinham mais graça. Nada mais para fazer, pegou uma história em quadrinhos.

Por mais que tentasse distrair-se, o tédio continuava.

Reparou que a marca roxa em volta do olho castanho, saldo do último treino de futebol, já estava desaparecendo. Pelo menos, antes de ganhar a cotovelada acidental, tinha conseguido passar a bola para seu amigo finalizar com gol de bicicleta.

Ele se sentia sufocado.

Costumava gostar do colégio, mas agora sentia que tudo pesava, principalmente sua mochila cheia de livros.

Repentinamente, de "Como ele cresceu!", o discurso dos seus pais tinha passado para "Como pode tirar essa nota em matemática?!"

E o caso foi sério. Até o dia da próxima prova, Caio teria aulas de apoio com uma professora. Se a nota não melhorasse, o mundo certamente iria acabar.

Caio Zip queria mesmo era que o tempo parasse.

TOC TOC TOC
A Gina já chegou, vou pedir para ela subir. Já arrumou o quarto, Caio?
Arruma logo esse cabelo, menino!
Que chato!! Logo hoje, tenho que estudar essa droga de matemática!
TOC TOC
Oi, Zip! Posso entrar ou passar por debaixo da porta?
Debaixo da porta?
Tcss
Hoje está um lindo dia. Que tal navegarmos pelo mundo? Vamos fazer uma rede, uma grande rede de pescar? Que tal uma rede feita com a ajuda da POTENCIAÇÃO?
POTENCIAÇÃO?

1. POTENCIAÇÃO

A essência da Matemática não é tornar as coisas simples em complicadas, mas tornar as coisas complicadas em simples.

S. Gudder

– Sim! – confirmou Gina, muito misteriosa. – Uma rede feita com a ajuda da potenciação.

– Rede?

– Claro! Hoje eu quero pescar – ela entrou no quarto e sentou-se na frente do micro. – Só que em vez de pegar peixes, quero pescar informações. Que tal a Internet? Que tal vermos como é a potenciação nessa rede? Então, prepare-se para navegar!

Gina nem esperou passar o espanto do menino e foi logo pegando um papel em branco na mesa. Começou a fazer uns esboços e explicou:

– Vamos começar a fazer a rede. Imagine que queremos nos comunicar com outro computador – ela mostrou o primeiro esboço.

"Começamos com duas pessoas.

"Agora, vamos duplicar:

2 x 2 = 4

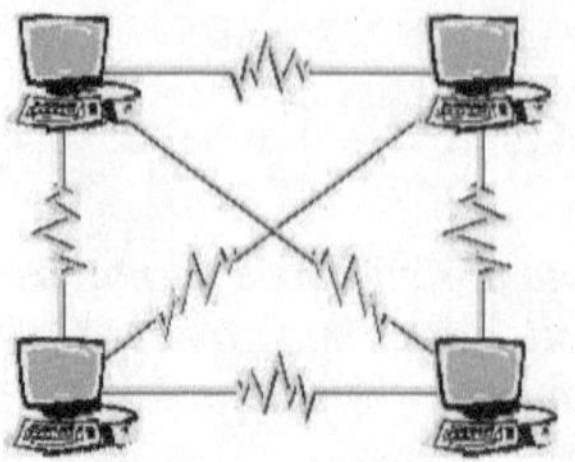

"Duplique novamente:

2 x 2 x 2 = 8

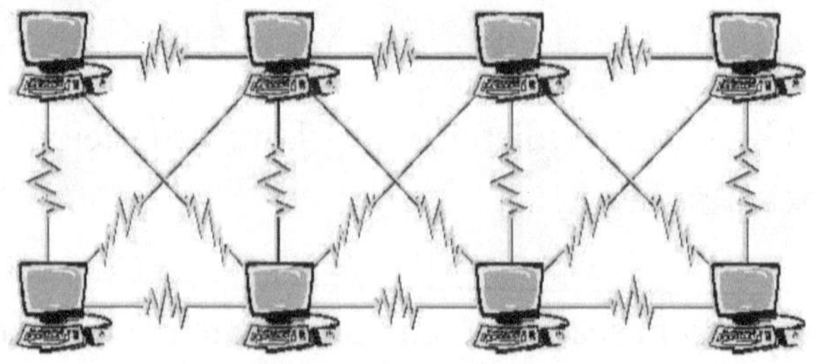

"Essa rede, se você quiser, pode duplicar várias e várias vezes:

2 x 2 x 2 x 2 x 2 x 2 x 2 ..."

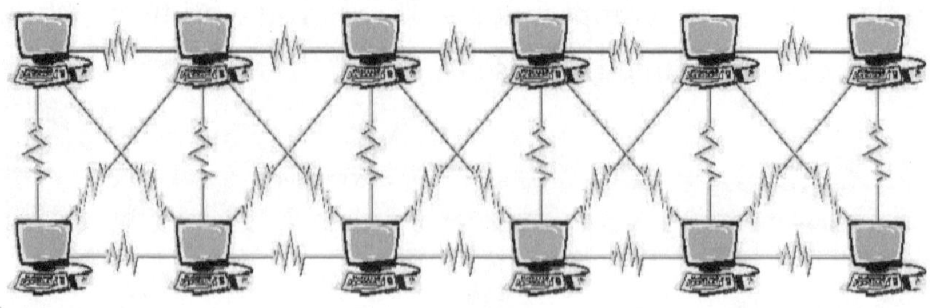

– Imagine que, em vez de começarmos com dois, fossem **três** micros:

"Basta triplicar:

3 x **3**

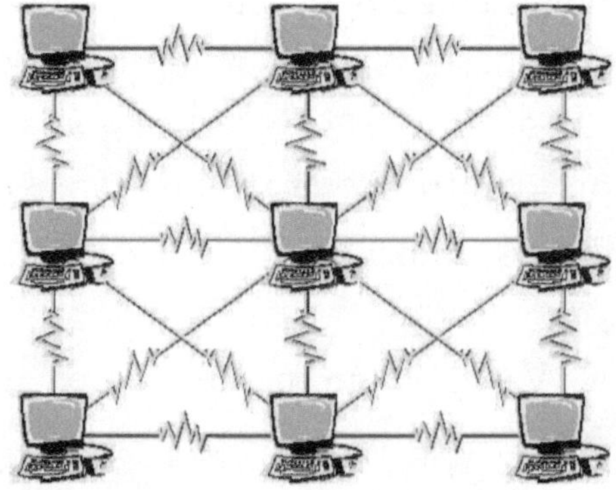

"E triplicar...

3 x **3** x **3**..."

– Que louco! – rebateu Caio.

– Com uma rede já formada, vamos ao que interessa – Gina voltou para tela do micro. – Vamos pescar informações.

– Ah, é só falar com meus amigos na rede.

– Ok. Então imagine que você comece falando com sete amigos. A cada amigo enviará sete mensagens por dia, em cada mensagem haverá sete frases e para cada frase fará sete desenhos, por exemplo. As mensagens podem ser desse tipo.

Para Beto: Tô desesperado! Apareceu uma espinha bem no meio do meu nariz. **(:– O**

Para Gamb: Tô louco que cheguem as férias. O colégio tá me deixando **(:-<>**

Para Letícia: Você reparou no olhar do Bob? Que gato? D+ ! **(:-)**

Para Niel: Você sabe quando será a prova de MAT? Me avise. Tchau! Lipe. **(:-D**

Para Leo : Foi ontem seu **<:)**

Para Silvia: Minha mãe ficou **>:(** porque eu esqueci onde foi q eu coloquei o control da TV. Vou ter q ficar em casa até achar.

Para Tont: Já procurou o control na geladeira? B)

Para Dianaraider: Vamos comer uma torta de limão, Didi? **@ :)**

Para Vavavamp: Oi, Vamp! Não posso comer. Dá espinha. **:***

Para Sam: Vamos sair, gatinha? **;)**

Para Lamb: Au au! **:P**

– Você já conhece o *Emoticons ou **Emojis, não é?*** – a professora apontava para os símbolos. – Eu uso esses aqui, mas sua turma deve usar de outro tipo.

: O	oh, não!	<:)	pergunta boba
: *	beijos	:)	feliz
:<>	assustado	>:(	muito zangada
;)	piscada	**:D**	feliz c/ boca aberta
:X	cale a boca	**B)**	pessoa de óculos
@ :)	pessoa de cabelo ondulado		
:P	língua para fora		

– Eu acho esses símbolos muito simpáticos – comentou a professora.

Caio parecia impaciente.

– Bom, voltando para os *SETES*, pergunto: quantos desenhos estará enviando por dia?

Caio pegou um papel e calculou:

Se começarmos com 7

Basta multiplicar 7 x 7 = 49

Depois 7 x 7 x 7 = 49 x 7 = 343

Depois 7 x 7 x 7 x 7 = 343 x 7 = 2401

E depois 7 x 7 x 7 x 7 x 7 x 7 x 7...

– Pare! Que coisa! Você não acha que essa multiplicação do mesmo número está acabando com a folha de papel? Que tal, em vez de escrever tantos 7, representá-los de outro jeito? Que tal...

$7 \times 7 \times 7 = 7^{3}$

ou

$7 \times 7 \times 7 \times 7 = 7^{4}$

Estas expressões têm o nome de potências

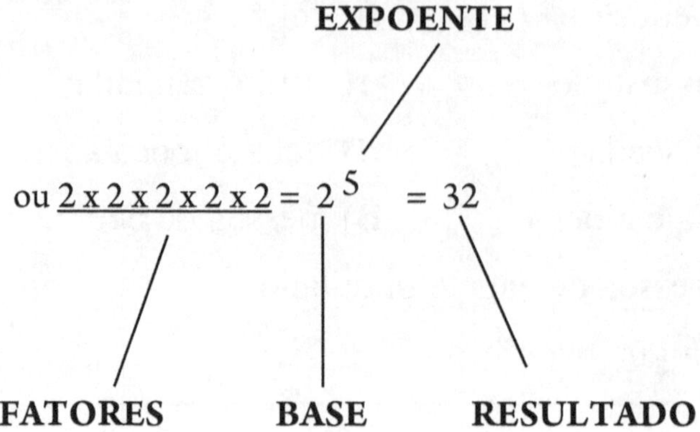

Veja como devemos ler:

5^2 = cinco elevado ao QUADRADO

7^3 = sete elevado ao CUBO

2^5 = dois elevado à quinta potência.

3^4 = três elevado à quarta potência.

4^6 = quatro elevado à sexta...

8^1 = oito elevado a um, mas não precisa escrever o expoente 1, fica apenas 8.

Ela destacou:

> A potenciação é apenas uma forma de representar esse tipo de multiplicação de uma forma mais prática.
> Do mesmo jeito que o pessoal economizou palavras nas mensagens usando novos sinais como os *Emoticons que uso.* ;)

– Tá. Espera um pouco que tô falando com o pessoal.

– Deixe isso pra depois.

– Já tô acabando.

– Ah, Caio, vamos acabar a nossa pesca.

– Pronto! – Caio deu um grande suspiro e voltou a olhar para Gina.

– Bom, já vimos que 7 elevado ao quadrado é igual a 49 e 7 elevado a 1 é igual a 7, mas e 7 elevado a zero. Qual seria o resultado?

– Claro que é zero – concluiu Caio com ar de espertinho.

– Eeeeeerrado! Na verdade dará 1.

– Como pode dar 1?

– Não confunda 7 x 0 = 0, pois estamos falando de um número ELEVADO a ZERO

"Para resolver esse mistério devemos estudar:

Propriedades da Potenciação

1) Na multiplicação com a mesma base, um exemplo:

Se multiplicarmos 3 x 3 por 3 x 3 x 3

é o mesmo que 3 x 3 x 3 x 3 x 3

então $\mathbf{3^2} \times \mathbf{3^3} = 3 \times 3 \times 3 \times 3 \times 3 = 3^5$

$$3^{2+3} = 3^5$$

Na multiplicação de potências com a mesma base, basta somar os expoentes.

2) Na divisão com a mesma base, ficaria assim:

4 x 4 x 4 x 4 dividido por 4 x 4 x 4

é igual a:

$4^4 : 4^3 = 4^{4-3} = 4^1 = 4$

Na divisão de potências de mesma base, basta subtrair os expoentes.

"E se os expoentes do dividendo e do divisor forem iguais, Caio?

"Ficaria = $6^3 : 6^3 = 6^{3-3} = \mathbf{6^0} = \mathbf{1}$

"Então, qualquer número ou expressão elevado a ZERO dará como resultado 1."

– Esta é a resposta?! Que droga! – ainda sem acreditar, Caio ficou olhando a explicação.

– Mas espere! Vamos continuar a estudar as outras propriedades:

3) Seja $(7^2)^{\mathbf{3}} = (7 \times 7) \times (7 \times 7) \times (7 \times 7)$

então $(7)^{\mathbf{2 \times 3}} = (7)^{\mathbf{6}}$

logo: $(4^3)^5 = 4^{15}$

$(5^2 \times 8^3)^2 = 5^4 \times 8^6$

Com parênteses, basta multiplicar os expoentes.

4) Seja $5^{2^3} = 5^{2 \times 2 \times 2} = 5^8$

(lembre-se que $2^3 = 8$)

Sem parênteses, faça primeiramente a potenciação dos expoentes.

Outros detalhes:

$10^1 = 10$ $10^2 = 100$

$10^3 = 1000$ $10^4 = 10000$

Nas potências de 10, o número no expoente é igual ao número de ZEROS do resultado.

– Acabou? **Agora podemos navegar um pouco na Internet para aproveitar este dia? – perguntou Caio, irônico.**

Visitaram vários *sites* de busca e, de repente, encontraram uma página diferente.

– Ei! Tem um *site* estranho com o nome de “laboratório da divisibilidade” – disse Caio, bem curioso.

– Então tecle enter: (vá para a página: capítulo ***www.laboratóriodadivisibilidade.com***)

– Viuuuu! – exclamou Gina, entusiasmada com as descobertas. – A gente surfou na rede com todas as propriedades da potenciação e tudo acabou bem. Será? Eu ainda não terminei.

– Oh, não!

– Oh, sim!

Durante a discussão ouviram um bip.

– Tem uma mensagem para você – avisou Gina, olhando para a tela.

Caio abriu e leu:

Se você é uma pessoa que gosta de desafios, visite o site Enigmat.

Entrando na página...

BEM VINDO CARO AMIGO CURIOSO

Quem resolver este enigma salvará o ser vivo que mais precisa de ajuda para não ser extinto.

Enigma dos tempos:

De manhã sou inocente

De tarde sou caçador

No outro dia...

Abandono

Tudo e a todos a minha volta.

Quem sou eu?

Resolva o enigma o mais rápido possível.

Caio resolveu o enigma, digitou a resposta e enviou e, enquanto os dois esperavam a confirmação...

– Ei! Onde você está? – perguntou Gina, olhando por todo o quarto.

Não se sabe como, mas Caio desapareceu na frente da professora como num passe de mágica!

– Isso não pode estar acontecendo! – ela começou a gritar desesperadamente. – **Ziiiip!**

2. www.laboratoriodadivisibilidade.com

As leis da natureza são os pensamentos matemáticos de Deus.

Euclides

Por motivos técnicos, ou melhor, por problemas ecológicos, queremos a sua atenção para mostrar um novo produto lançado pelo laboratório da **Matemágica**.

Queremos que você faça um teste com esse lançamento: critérios da DIVISIBILIDADE.

Uma forma mais rápida de analisar as divisões por números naturais sem gastar nosso precioso papel e tempo em contas e mais contas.

Nossa arma contra esses desperdícios e contra a sujeira, o resto. Um produto revolucionário.

Critérios da divisibilidade:

Práticas que permitem verificar rapidamente se um número qualquer é divisível ou não por outro número natural

Teste esses números para ver os que tiram toda a sujeira.

Quem lava mais branco sem deixar restos.

COMPROVE!

VAMOS COMEÇAR AS ANÁLISES:

1) Um número só é divisível por 2 quando:

a) ele deixa de ser egoísta.

b) está a fim de se quebrar.

c) ele é um número casado (é par) e, ao pagar as despesas do restaurante, ele divide por dois sem restar nada nem pra dar de gorjeta.

Ex: **234** e **345**

234 é divisível por 2, pois é um número par.

Como **345** é ímpar, dividindo por 2 o resto é diferente de zero.

2) Um número é divisível por 3 quando:

a) Ele está a fim de curtir só aquele momento.

b) Ele pergunta se o 3 deixa restar uma parte dele para outro amor.

c) Eles foram feitos um para o outro, pois a soma dos seus algarismos será divisível por 3, o seu grande amor.

Ex:

356 = 3 + 5 + 6 = 14

14 não é divisível por 3.

Então: 356 não é divisível por 3.

612 = 6 + 1 + 2 = 9

9 é divisível por 3

Então: 612 é divisível por 3.

3) Um número é divisível por 4 quando:

a) Seus algarismos forem ao parque de diversão e despencarem do elevador.

b) Seus algarismos se encontrarem no cinema no escuro.

c) Seu telefone terminar em 00 ou os dois últimos algarismos formarem um número divisível por 4.

Ex: 12.300, 3.456 e 123

12.300 e 3.456 são números divisíveis por 4, pois o primeiro número termina com 00 e o segundo tem final 56 que é divisível por 4.

123 não é divisível por 4!

O final 23 deixa resto ao dividir por 4.

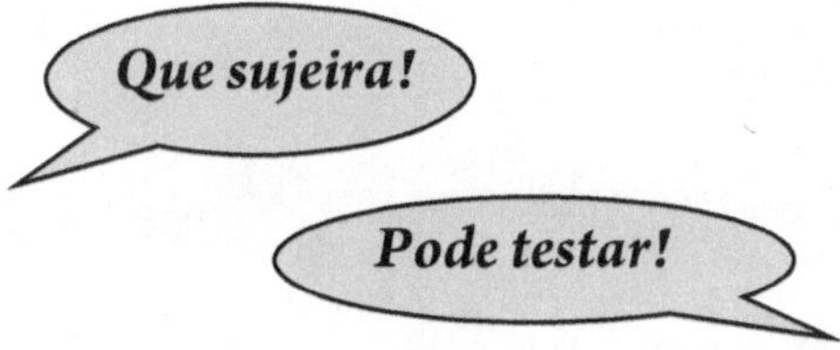

4) Um número é divisíííííveIllll? (Ops! Tô ficando tonto de tanto teste). DIVISÍVEL por 5 quando:

a) Ele vai à escola e descobre que é domingo.

b) Vai à lavanderia e derruba seu número com o final de meias dezenas ou zeros ou outros algarismos.

c) Ele vai a uma festa que SÓ admite números terminados por 0 ou 5.

Esse você leva como brinde, juntamente com número divisível por 10!

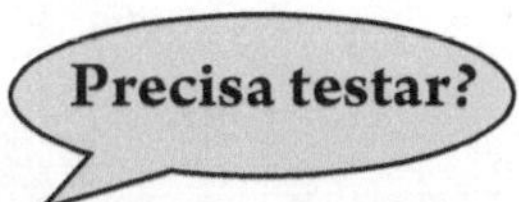

5) Um número é divisível por 6 quando:

a) O número é divisível por 2.

b) O número é divisível por 3.

c) Ele aceita os critérios de 2 e 3 ao mesmo tempo, pois ele não se decide com quem quer ficar.

Ex: 312, 416 e 315

312 é par e 3 + 1 + 2 = 6
divisível por 3.

Pelo critério da divisibilidade
é divisível por 6.

416 é par, mas não é divisível por 3.

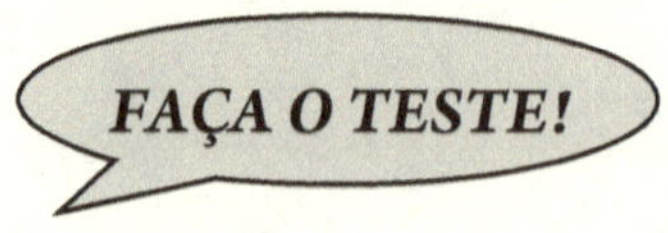

315 é impar. Não é divisível por 6.

6) Um número é di–vi–sí–vel por 8 quando:

a) Ele acha o **8** um cara muito interesseiro, pois ele só quer o número se for premiado.

b) Ele vai à feira e esqueceu de comprar biscoito.

c) O número é premiado, pois ele termina com 000 ou tem nos três últimos algarismos um número divisível por 8.

Parecido com os critérios de 4.

Ex: 41.000, 1.000, 1.234 e 6.528

7) E finalmente por 9 quando:

a) Não deu certo com ninguém.

b) Ele quer um cara maior do que os outros.

c) Ele tem a soma de seus algarismos divisível por **9**.

Parecido com os critérios de 3.

Ex: 6.354, 57.285 e 3256

6.354 = 6 + 3 + 5 + 4 = 18 : 9 resto = 0

57.285 = 5 + 7 + 2 + 8 + 5 = 27 : 9 resto = 0

3.256 = 3 + 2 + 5 + 6 = 16 : 9 resto ≠ 0

Os nossos especialistas testaram exaustivamente este produto supereficiente.

FAÇA MAIS RÁPIDO COM A *Divisibilidade*

FAÇA MAIS RÁPIDO COM A *Divisibilidade*

USE E ABUSE

Desenvolvido e aprovado pelo laboratório da **MATEMÁGICA.**

Agradecemos a sua atenção e esperamos que, com este teste, tenhamos ajudado a tirar seus restos de dúvida.

VOLTAR para a história

3. VIAGEM NO TEMPO

A Matemática é radical!
Caio Zip

Tragado por uma espécie de túnel, Caio Zip ficou flutuando envolto numa neblina. Aos poucos a névoa se dissipou e ele pôde ver que estava em outro lugar.

Era um castelo com um grande salão e Caio estava cercado por gente estranha. Todos trajavam roupas da época dos cavaleiros da Inglaterra medieval.

Na sua frente havia um homem de barba preta sentado num trono, aparentando estar muito assustado. Talvez por causa das roupas estranhas ou por causa dos berros e do jeito nada elegante do inesperado visitante.

– Onde eu estou? Isso é alguma brincadeira, cara? Como eu vim parar neste...

O rei se levantou e já muito furioso ordenou:

– Cale-se, insolente! De que magia negra tu viestes? Onde se escondeu aquele mago atrapalhado? – perguntou o soberano para a corte que até aquele momento estava mais congelada do que comida de *freezer*. – Se eu puser as mãos naquele Merlin... Ele ficará eternamente no inferno.

Por não saber se realmente fora trazido pelo mago e se aquele estranho era um possível inimigo, o rei chamou os guardas:

– Levem-no para o calabouço. Prendam-no!

– Tirano burro! – gritou Caio com toda força.

Caio lutou desesperadamente, mas foi logo arrastado e levado para um lugar sombrio. Um lugar em que as pessoas tinham medo só de ouvir o nome...

O CALABOUÇO DA RADICIAÇÃO

Sim! Um lugar em que as pessoas eram tratadas como números, de onde tentavam fugir de qualquer maneira por causa das torturas que sofriam. Enquanto na potenciação os números tinham liberdade de crescer, pois multiplicavam o mesmo número várias vezes até chegar a um resultado, o CALABOUÇO DA RADICIAÇÃO ERA O INVERSO DA LIBERDADE DA POTENCIAÇÃO.

Os números, assim como Caio, ficavam apavorados com um lugar tão tenebroso e de nome tão estranho: **RAIZ**. Coitados! Eles ficavam trancafiados sendo vigiados o tempo todo pelos carcereiros chamados de **ÍNDICE**, que ficavam no ponto alto da prisão. Os números dentro da prisão também tinham um nome especial: **RADICANDO**.

Eram centenas de celas com radicandos condenados à prisão perpétua.

Caio foi empurrado pelos guardas e caiu no chão de terra da cela apertada e escura. Furioso, levantou-se e se jogou contra as grades tentando escapar. Depois de muito reclamar e exigir que o soltassem, acabou desistindo. Lentamente, escorregou pela parede suja e úmida e ficou bem encolhido naquela cela estranha, naquela RAIZ.

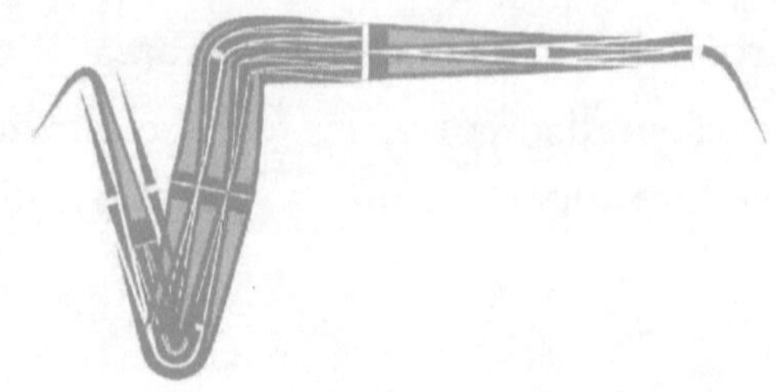

"O que está acontecendo?", pensava ele, aflito. "Como vim parar neste lugar? Que gente é essa? Só posso estar sonhando... Mas como cheira mal! Quando este pesadelo vai acabar?"

Caio Zip, na verdade, havia chegado na hora certa, pois os números já não aguentavam mais e estavam planejando uma fuga.

Veja o plano de fuga...

Plano A:

1ª. Parte:

Disfarçar o número para enganar os carcereiros.

Para isso, contavam com a ajuda do amigo que trazia o rango: o bobo da corte. Seu apelido era Fatoração, o grande maquiador.

Fatoração pegava o número, tirava seu uniforme da prisão e disfarçava seu visual com os lençóis em decomposição. Era capaz de decompor um número nos números menores possíveis, como:

$4 = 2 \times 2$

$27 = 3 \times 3 \times 3$

$8 = 2 \times 2 \times 2$

$14 = 2 \times 7$

$15 = 3 \times 5$

$32 = 2 \times 2 \times 2 \times 2 \times 2 = 2^5$

$40 = 2 \times 2 \times 2 \times 5 = 2^3 \times 5$

Desse jeito o número ficava com outro aspecto.

Ah! Mas os carcereiros eram espertos. Isso era pouco para confundi-los.

2ª. Parte

Os carcereiros, também conhecidos como índices, eram fortes, mas, como na maioria das histórias, aceitavam moedas para deixar os radicandos escaparem do cárcere.

As moedas eram os expoentes de cada número da fatoração. Só sairia quem tivesse moedas que pudesse dividir entre os índices.

O resto da divisão que não fosse exata ficaria ainda dentro da cadeia. A esta tentativa de fuga denominavam extração da raiz.

As celas vigiadas pelo índice 2 tinham o nome de **RAIZ QUADRADA** e pelo 3 de **RAIZ CÚBICA**.

Com os outros números ficaria assim:

Raiz à quarta potência

Raiz à quinta potência...

E por aí vai.

Voltando ao plano... Caso todas as divisões fossem exatas, aconteceria uma fuga geral. O calabouço seria abandonado e os índices condenados ao esquecimento.

Mas os radicandos tinham consciência de que quando eram vigiados pelo índice 2, a fuga se tornava mais difícil – talvez pelo fato de o índice 2 nunca estar no seu posto para receber as moedas. Quem sabe? Neste caso, a fuga recebia o nome de QUADRADOS PERFEITOS.

Caio estava assustado com a fuga. Tudo poderia dar errado, mas ficar sozinho naquele lugar estranho também não lhe agradava. Decidiu tentar a sorte com os amigos sofridos.

A maioria das celas era do tipo solitária. Nessas, Fatoração trabalhava bem. Pegava o prisioneiro e o transformava:

$$\sqrt{4} = 2 \quad pois \quad 4 = 2x2 = 2^2 \quad e \quad \sqrt{2^2} = 2^{2 \div 2 = 1} = 2$$

$$\sqrt[3]{8} = 2 \quad pois \quad 8 = 2x2x2 = 2^3 \quad e \quad \sqrt[3]{2^3} = 2^{3 \div 3 = 1} = 2$$

expoente índice

$$\sqrt{16} = 4 \;;\; 16 = 2^4 \;;\; \sqrt{2^4} = 2^{4 \div 2 = 2} = 2^2 = 4$$

$$\sqrt[4]{16} = 2 \;;\; 16 = 2^4 \;;\; \sqrt[4]{2^4} = 2^{4 \div 4 = 1} = 2^1 = 2$$

Em outras celas havia vários prisioneiros juntos. As raízes estavam com os números presos por uma corrente feita de multiplicação.

$\sqrt[3]{27\, a^4\, b^5}$ sendo **a** e **b** números quaisquer expoente índice

$$\sqrt[3]{27} = 3^{3 \div 3 = 1} = 3^1 = 3$$

$$\sqrt[3]{a^4} = a^{4 \div 3 = 1} = a \quad \text{resto da divisão} = 1$$

$$\sqrt[3]{b^5} = b^{5 \div 3 = 1} = b \quad \text{resto da divisão} = 2$$

Essas eram as celas de onde não seria possível tirar todos da raiz por não possuírem moedas suficientes, ficando desse jeito:

$$3ab\sqrt[3]{a\,b^2}$$

Caio, contudo, conseguiu escapar. Quando chegou ao fim do corredor do calabouço, notou que os outros radicandos não queriam aproximar-se dali. Lá estavam os prisioneiros considerados mais perigosos, todos muito nervosos por ter que disputar espaço dentro de celas minúsculas. Talvez por problemas de superlotação, os guardas os tivessem colocado daquele jeito.

Fatoração tinha que organizá-los antes de começar os disfarces. Caio foi junto com o bobo da corte para ver como ele faria. A expressão dos números era assustadora, mas foi só no início. Caio percebeu que, depois de arrumados, eles ficaram do mesmo jeito que os outros radicandos com a tal maquiagem de Fatoração.

$$\sqrt[3]{15 \div 5 + 24} = \sqrt[3]{3 + 24} = \sqrt[3]{27} = \sqrt[3]{3^3} = 3$$

Finalmente, foi executado o plano e a maioria conseguiu sair das celas:

$\sqrt{50-1}$ = $\sqrt{528}$ =

$\sqrt{100 \div 5^2}$ = $\sqrt{5\,x\,9+4}$ =

Com a liberdade de vários prisioneiros houve uma grande rebelião e os guardas foram rendidos.

Os revoltosos, agora não mais RADICANDOS, subiram as escadas para fugir, mas encontraram uma porta de ferro.

– É a sala dos magos! – gritou uma mulher muito idosa. – Dizem que usam magia negra. Uma tal de Sabedoria.

– Temos que passar por eles para sair desse lugar – concluiu fatoração. – Não há outro caminho.

– Como iremos passar por esses bruxos da sabedoria? – perguntou uma moça ruivinha. – Aqui ninguém sabe nada mesmo. Foi por isso que acabamos presos.

– O único modo de vencê-los será fazê-los ficar do nosso lado – constatou um rapaz de cabelos pretos que apareceu abrindo caminho pelo pessoal.

– Como faremos isso? – perguntou a moça ruivinha.

– Teremos de mostrar que merecemos ser livres – respondeu o rapaz. – Mostraremos que podemos aprender.

– Demais! – Caio achou tudo emocionante, mas os homens e as mulheres, que estavam agora notando a sua presença, acharam-no muito estranho.

– Que tal você, novato de roupa estranha, me ajudar? – sugeriu o bobo a Caio. – Eu vi você lutando contra os soldados. Você tem a garra de um dragão. Poderia ser útil para convencê-los de que não é certo prender essa gente. Afinal, o pessoal da corte é difícil de agradar e esse pessoal aqui, quando está em liberdade, é o melhor público para minhas apresentações.

– Eu também quero ir! – pediu o rapaz.

– Então, vamos nós três? Os outros ficam aqui esperando – decidiu Fatoração.

Caio tomou a frente e bateu na porta.

– Quem é? – perguntou uma voz de dentro da sala.

– Somos nós – respondeu Fatoração.

– Nós quem?

– Somos três pessoas querendo a liberdade – retrucou Caio.

– É preciso sabedoria para obtê-la – afirmou a voz. – Precisam provar que a merecem. Aceitam testar as suas potencialidades?

Caio falou baixinho com os dois e depois os três se juntaram e gritaram em coro:

– Manda ver, chefe!

– Então, vamos começar. Podem entrar!

Ao entrarem na sala viram cinco anciãos, cada um com uma cor de cabelo: azul, amarelo, laranja, verde e vermelho.

Na sala, todos os objetos estavam flutuando, até um quadro negro sobre o qual números e letras se movimentavam.

O ancião de cabelo laranja apresentou-se:

– Somos os magos das sensações. Respondam nossas perguntas e poderão passar por nós.

O mago azul, meio deprimido, foi até o quadro. Fez uns gestos no ar e logo os números e as letras formaram estas duas charadas:

I

Eu nasci no dia tal do mês qualquer. O número do dia é um quadrado perfeito e é o dobro do número do mês.

A soma desses números é maior que 10.

Em que dia e mês eu nasci?

II

Um dragão viveu e morreu no século VII.

Qual o ano em que ele morreu, se ele tinha x anos de idade no ano de x ao quadrado?

Detalhe: o ano era bissexto.

Os mestres da sabedoria deram um tempo. Passados alguns minutos, horas ou dias... Quem sabe? Caio e os amigos entregaram a solução para os magos. Enquanto verificavam as respostas, sem ninguém perceber, o mago verde comentou com o amarelo:

– Estou tendo uma visão!

– O que você está vendo? – perguntou o amarelo, atento.

– Um desses desafiantes se tornará nosso novo rei. Estou sentindo uma forte vibração. Estou sentindo! Estou...

– O quê! – berrou o mago, vermelho de raiva.

– Estou... Estou ficando é enjoado. Acho que bebi demais na noite passada – ponderou o mago, bem verde de tão enjoado.

Ouviu-se um estrondo vindo dos fundos. Os cavaleiros do rei tinham derrubado a porta.

– Será que vocês não sabem bater sem arrebentar, seus trogloditas? – reclamou o mago vermelho. – Custam caro essas suas visitas.

– Fomos informados de que está havendo uma revolta no calabouço. Viemos protegê-los.

– Só queremos conquistar nossa liberdade – rebateu o rapaz que acompanhava Caio.

– Para conquistar têm que saber dividir seus inimigos – replicou um dos cavaleiros.

– Deixem eles tentarem! – pediu o mago azul, melancólico. – Um desses está predestinado a se tornar nosso rei.

– Só acreditarei nisso depois que for testada sua divisibilidade.

Em seguida, o cavaleiro proferiu quatro charadas:

I

Tenho mais de 40 cavalos e menos de 70.
A quantidade de cavalos
é divisível por 2, 3, 4, 6 e 8.
Quantos cavalos eu tenho?

II

Temos menos de 150 cães de caça
Quando conto de 8 em 8 ou de

10 em 10 ou de 12 em 12
sobram sempre 5 cães
Quantos cães nós temos?

III

Possuo uma coleção de armas
Dispondo-as de 5 em 5 sobram 2.
Dispondo-as de 9 em 9 sobra 1.
Quantas armas eu tenho,
sabendo que são menos de 50?

IV

Nosso rei tem um número de soldados
compreendido entre 200 e 400.
Juntando-os em grupos de 6, 10 ou 12
sempre restam 4,
mas quando reunidos em grupos de 8,
não resta nenhum.
Quantos soldados têm o nosso rei?

Os amigos demoraram mais tempo dessa vez. Os cavaleiros esperaram e esperaram...

Quando Fatoração finalmente entregou as respostas, ouviram-se passos fortes vindo da porta já derrubada.

Era o soberano com os seus 304 homens. Eles foram informados por um dos cavaleiros que estava havendo uma conspiração. O tirano deu uma boa olhada no pessoal e ordenou:

– Quero todos presos! Amanhã, executaremos os traidores.

– Você não tem direito de prender e executar – desafiou Caio, descontrolado. – Temos o direito a um advogado, a um julgamento e a um tal de *habeas corpus*. Eu vi isso na TV.

– Que é isso de advogado? Por acaso é o bruxo que te trouxe aqui?

– Não, mas é pior do que isso – exagerou Caio.

– Euuuu sou a lei. Euuuu executo sem perdão. Euuuu...

Ouviu-se outro estrondo, agora na porta da frente, que conduzia à prisão. Eram os prisioneiros que haviam cansado de esperar. Travou-se uma enorme luta. Cavaleiros estavam sendo derrubados por prisioneiros que apanhavam de soldados. Magos voando pela janela sem o uso da magia...

Durante a confusão, o rapaz de cabelos pretos esbarrou numa alavanca que acionou uma passagem secreta. Ele e os dois amigos fugiram pela passagem, mas o rei percebeu e ordenou:

– Parem a briga! Aqueles três estão fugindo. Vão e tragam-me os malditos! Euuu... Ficarei aqui. Afinal, está na hora do meu chá.

A passagem dava num bosque atrás do castelo. Os três fugitivos correram por entre as árvores. Soldados, cavaleiros e magos seguiam seus rastros. Os prisioneiros que estavam ali, os antigos radicandos, aproveitaram e escaparam sem que ninguém percebesse.

Fatoração tropeçou num galho e foi agarrado pelos soldados. Tentou decompô-los, mas foi imobilizado. Caio e o outro rapaz continuaram correndo. Olhando em volta para ver onde poderiam se esconder, Caio avistou uma espada fincada numa pedra e avisou:

– Ei! Olha só o que eu achei!

O jovem do futuro segurou a espada reluzente e tirou-a do lugar sem esforço.

– Vamos levá-la conosco. Pode nos ser útil – falou o rapaz, empurrando o aliado.

– Está bem! Espera! Meu tênis está desamarrado. Segure a espada pra fazer o laço.

– Vamos logo! – disse o amigo impaciente. – Acho que eles estão por perto.

No instante em que Caio se abaixou atrás da pedra surgiram perseguidores por todos os lados. O rapaz, assustado, levantou a espada.

Fez-se um silêncio. Subitamente, todos aqueles homens ficaram petrificados olhando para o fugitivo.

– Vejam! – gritou um dos cavaleiros. – É a espada lendária predestinada a pertencer ao verdadeiro rei da nossa terra! É a ExCAIObur! É ele! O nosso rei! Ajoelhem-se!

Todos ali presentes obedeceram.

– Esperem! A espada não é minha. Foi o garoto aqui que tirou – o rapaz apontou para trás da pedra, mas não havia mais ninguém ali. – Ué! Pra onde é que ele foi?

– Qual o vosso nome, majestade?

– Eu sou Arthur – respondeu confuso, ainda procurando por Caio. – Arthur da Távola, mas não fui eu...

– Salvem o novo rei! – gritou o mago vermelho.

Todos se levantaram e aclamaram:

– Salvem o novo rei! Salvem o rei Arthur!

4. O CASO DOS NÚMEROS PRIMOS

Se você pensa que os cães não podem contar, tente colocar três biscoitos em seu bolso e então dê ao Totó apenas dois

Phil Pastoret

Caio Zip encontrava-se agora em Londres no final do século XIX. A cidade, ao anoitecer, revelava seus mistérios enclausurados naqueles prédios baixos e cinzentos através da tênue iluminação a gás. Algumas carruagens passavam pelas ruas estreitas. Parecia bem diferente da maior cidade britânica dos dias de hoje. Caio ouviu o barulho de risadas. Certamente vindas daquele *pub,* o bar tipicamente inglês, onde algumas pessoas estavam saindo. Caio aproximou-se e viu o bar com pouca iluminação, onde as pessoas estavam reunidas, tomando drinques. Nos becos, também mal iluminados, viam-se homens caminhando a passos pequenos, porém pesados, de forma que seus movimentos pareciam com os de seres mórbidos. Eram estranhos que usavam chapéus e uns sobretudos longos em cores escuras, que os deixavam com aspecto sinistro. Outros usavam luvas, cartolas e capas, roupas mais elegantes. Estes, ao caminharem, batiam suas bengalas com cabos dourados contra o chão, provocando sons que ecoavam no silêncio da noite. Todos eles tinham um olhar assustador e penetrante.

Mulheres andavam em passos rápidos e usavam vestidos longos e simples que se arrastavam no chão sujo. Tentavam fugir daquelas ruas tenebrosas, onde agora só se ouvia o assobio do vento frio e cortante. Queriam chegar logo em suas casas, na proteção dos seus lares. Era uma noite acobertada por um fog, uma neblina carregada de grandes mistérios.

Caio estava sozinho na rua e não conhecia ninguém.

E agora? De repente, sentiu uma mão fria nos seus ombros. Rapidamente, ele se virou e viu a figura de um homem alto e magro, vestindo uma roupa cinza e xadrez, com um boné diferente e segurando um cachimbo.

O cachimbo que soltava uma fumaça no rosto de Caio exalava um cheiro de canela. O homem tapou a boca de Caio antes que pudesse dizer algo e sussurrou:

– Se quiser estar vivo amanhã, siga-me!

Assustado, Caio Zip pensou em fugir, mas algo no olhar daquele homem fez com que refletisse e, mesmo confuso, sua intuição lhe disse para confiar e segui-lo.

Ao chegar numa rua mais movimentada, Caio leu numa placa: *Baker Street.*

– Estamos sendo observados. Parece que já tomaram conhecimento da sua chegada.

Caio não conseguiu ver nada, a não ser um gato de rua que, saltando de uma lata de lixo para cima de um muro, aproximou-se deles e fixou seu olhar felino de caçador.

– Afinal, o que está acontecendo? – perguntou Caio.

– Entre! – disse o homem, friamente, abrindo a porta de um prédio.

O prédio tinha um grande saguão com uma escada no final do corredor. O estranho fez um sinal cortês para que o rapaz subisse. O prédio velho só possuía três andares e o homem o levou para o último.

Ele o orientou até uma porta à esquerda e, em seguida, pegou uma chave atrás de um quadro para abri-la.

O homem foi até uma mesinha, riscou um fósforo e acendeu um pequeno lampião. Caio percebeu então que se tratava de uma saleta com muitos móveis de madeira envernizada. Sobre uma escrivaninha espalhavam-se pastas cheias de folhas de vários tamanhos cobertas de poeira, uma lupa, um relógio de bolso todo de ouro e mais uma caixa com diferentes tipos de cachimbos. Perto dali, uma cadeira de balanço e, encostado nela, um estojo grande em forma de violino.

– Ficaremos bem aqui. Com essa pouca luz não poderão nos ver direito.

– Eles quem? Quem é você? – Caio estava intrigado.

O homem foi até uma mesa e serviu-se de uma bebida, fazendo menção a oferecer-lhe algo. Caio, ainda desorientado, recusou.

– Que pena! – o desconhecido tomou um gole revigorante, olhou para o rapaz e elogiou: – Esse é o melhor malte escocês que existe.

O homem olhou pela janela e certificou-se que estava tudo calmo, em seguida tomou mais um gole e continuou:

– Acho que agora posso começar. Fui avisado da sua chegada por um grande amigo, um cientista que, finalmente, após várias tentativas, conseguiu trazê-lo aqui e na época certa.

– Época? Que lugar é este? Como vim parar aqui?

– Calma. Tudo tem seu tempo – sorriu o estranho que depois de beber um gole virou-se para Caio. – Meu amigo construiu uma máquina do tempo e observando o seu tempo descobriu que sua época estaria fadada a ser destruída não por causa de guerras, mas por não saberem mais usar o maior de todos os poderes.

O homem sentou na cadeira de balanço e explicou:

– Nesta nossa época não temos armas tão devastadoras quanto na sua, mas aqui encontrará, comigo, o poder que está em extinção no seu tempo e que irá protegê-lo do maior inimigo da humanidade.

– Poder? Poder contra quem?

– Contra a ignorância.

– Mas como assim a ignorância? Não estou entendendo nada.

– Claro que não. Você esteve sob longa exposição aos efeitos nocivos que o cercavam, mas graças a sua resistência natural, a sua curiosidade, não foi contaminado. A ignorância, meu rapaz, é um inimigo invisível que ataca quando deixamos o conhecimento de lado, quando nos rendemos à preguiça de raciocinar por conta própria ou quando deixamos de ser curiosos. No caso de sua época, meu amigo, creio que a ignorância se alastrou rapidamente de forma epidêmica.

– É mesmo. E que tal poder é esse que você falou?

– O grande poder é o da dedução!

– Dedução? Como assim, poder?

– Esse poder é capaz de analisar as pistas, de encadear um fato com os outros. É dessa forma que você começará a entender o que ocorre a sua volta. Aprenderá a resolver qualquer tipo de problema sozinho. Para lhe ensinar, esse cientista pediu a minha ajuda, pois isso é a minha vida, o meu trabalho: resolver qualquer mistério. Estávamos à procura de alguém que tivesse o mesmo talento que eu possuo. Alguém que pudesse usar esse grande poder e evitar um futuro trágico.

– Mas... Por que logo eu?

– Elementar, caro amigo! Você foi o único que resolveu o enigma. Você acertou quando respondeu que o animal que mais precisa de ajuda é o próprio homem. Você ainda não percebeu, mas mesmo com esse seu jeito desligado, entediado, dentro de você existe uma energia que o ajudará e a toda uma geração a obter as respostas para terem uma vida melhor. Basta deixá-la expandir-se.

O homem se levantou e foi até Caio, esticou a mão em sua direção e disse num tom amigável:

– Dedução leva a detetive. Sherlock Holmes[1]! Ao seu completo dispor.

O rapaz estava tão nervoso com aquela história que não conseguiu mais pensar direito. Sua voz acabou saindo trêmula:

– Sooou Caioo Zipeeer.

– Como?

– Quero dizer, Caio Zip!

– Muito bem, Zip! Então vamos ao que interessa.

Sherlock dirigiu-se até a escrivaninha e pegou uma das pastas com o cuidado de não desequilibrar as outras.

– Tenho que pegar com cautela essas pastas. A poeira em cima delas é a minha referência da data de cada um desses arquivos de meus casos incríveis.

Ele foi até Caio e entregou a pasta:

– Tome! Esta pasta contém todas as minhas anotações do caso em que estou trabalhando agora e é a razão da sua presença aqui. É certo dizer que, tanto eu como eles, já sabemos que você está aqui para aprender comigo o poder da dedução, levar esse novo conhecimento para o seu tempo e também para me ajudar a pegá-los.

– Ei, espera aí! Pegar quem?

– Isso você descobrirá mais adiante. Seu primeiro passo será ler essas anotações enquanto andamos nas ruas para procurar os nossos suspeitos.

Caio abriu a pasta e leu logo na primeira página:

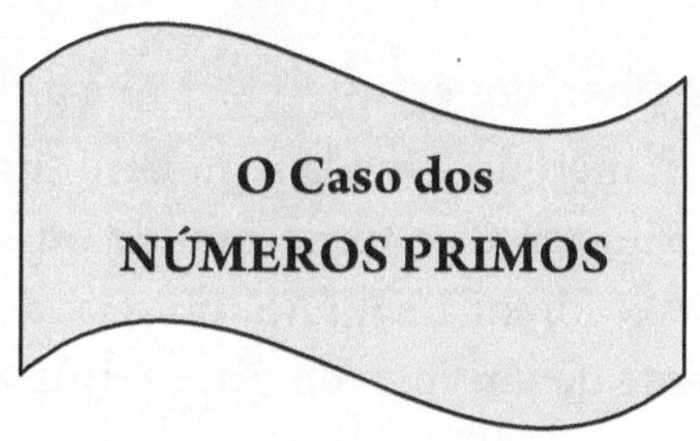

Pelas anotações, Caio descobriu que se tratava de grupos de bandidos que se autodenominavam **primos**, nos quais cada integrante era identificado por um número.

– Você já tentou entrar disfarçado, Sherlock?

– Eu, não! Mas um amigo que prezava muito, um policial, teve essa ideia. Infelizmente, ele foi logo eliminado, pois ainda não tínhamos descoberto que não poderia ser um número qualquer. Os números escolhidos pela gangue possuíam uma particularidade.

Sherlock iniciou a explicação sobre sua descoberta:

– Veja estas fotos de alguns criminosos que meu amigo policial enviou-me antes do seu triste fim. Graças a elas, conseguimos pegar alguns criminosos – mostrou Sherlock:

2 3 5 7 11 13 17...

– Estes números, se você reparar, possuem algo em comum – continuou Sherlock.

– Eles só constam na tabuada do número 1 ou do próprio número, Sherlock.

– Exato! Você tem jeito, Zip! E você, por acaso, observou que o número 2 é o único de valor par?

– É verdade. Por essas anotações, o seu amigo da polícia só conseguiu pegar alguns, porque este bando é infinito.

Caio estudou mais um pouco as anotações e ficou com uma dúvida:

– Como vamos saber, por exemplo, se 173 é primo?

– Já descobri um método. Divida o número suspeito pelos primos menores até que o quociente se torne **menor ou igual** ao divisor. Se todas as divisões NÃO forem EXATAS, ou seja, dê resto diferente de zero, você estará diante de um culpado: ELE É PRIMO!

TRÊS SUSPEITOS: **173**, **401** e **493**

173 | 7 → 33, 24, resto 5 173 | 11 → 63, 15, resto 8 173 | 13 → 43, **13**, resto 4

QUOCIENTE IGUAL ao divisor

PRIMO! Culpado!

401 | 7 → 51, 57, resto 2 401 | 11 → 71, 36, resto 5 401 | 13 → 11, 30

401 | 17 → 61, 23, resto 10 401 | 19 → 21, 21, resto 2 401 | 23 → 171, **17**, resto 10

QUOCIENTE MENOR que o divisor

PRIMO! Culpado!

– Aplique esse método com o número 493 para treinar.

– Ufa! Que trabalho! – Caio esfregava a testa. – Afinal, pra que tanto esforço pra reconhecer OS PRIMOS? Qual é o esquema deles?

– Na verdade, eles são apenas pequenos criminosos que podem nos levar aos grandes. Estes fazem parte de uma organização denominada CONJUNTO DE DIVISORES. Estou atrás deles há muito tempo. Com os primos será mais rápido prender todos os divisores de um número.

Sherlock prosseguiu:

– Pegue os números que não são primos, como: 4,10 e 24

"Tente escrevê-los nesta forma:

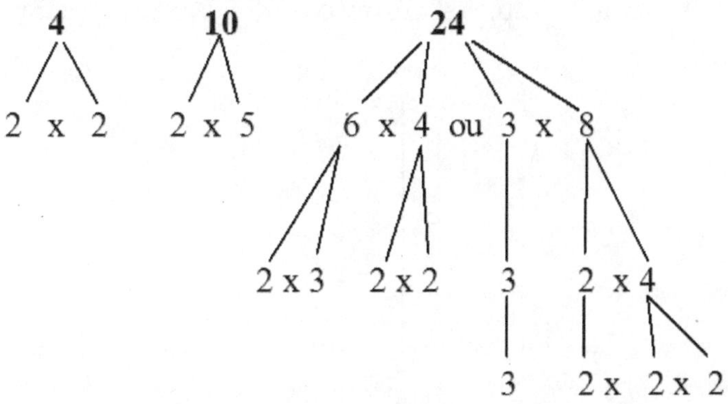

Conclusão:

- Qualquer número natural pode ser escrito na forma de uma multiplicação onde todos os fatores são ***primos***.
- Chamamos isso de ***fatoração completa***.
- Assim, números com mais de dois divisores são chamados de ***COMPOSTOS***. Para os bandidos, são impostores.

"Esses não vão nos ajudar a pegar os criminosos".

– E esse aqui, o número 1? – perguntou Caio olhando as fotos.

O número **1** NÃO É PRIMO E NEM COMPOSTO

"Ele é o nosso informante. A sua foto deve ter se misturado por engano."

Caio achou muito estranho o rosto do número UM.

– Vejamos, Zip, o número 495. Vamos tentar dividi-lo com primos.

495	3
165	3
55	5
11	11
1	

Logo: $495 = 3 \times 3 \times 5 \times 11$ *ou* $3^2 \times 5 \times 11$

O detetive estava animado:

– Vamos ver se descobrimos um sistema, uma armadilha, para pegar todos os que estão envolvidos com o crime organizado. Para pegar o conjunto de divisores de 30, por exemplo, inicialmente teremos que fatorar, ou seja, decompor o número 30.

30	2
15	3
5	5
1	

Sherlock percebeu que Caio já estava exausto. Lembrou que nem todos tinham o seu hábito de dormir apenas três horas por dia quando se está envolvido em resolver um caso, por isso colocou sua mão no ombro do sonolento e falou num tom suave:

– Vamos deixar tudo isso para depois, meu caro amigo, já é madrugada. Vamos para a minha casa. Depois de você repor suas energias, poderá me ajudar a planejar com detalhes a armadilha.

Ao chegar no prédio, Caio sentiu sua barriga roncando e pediu ao amigo:

– Podemos ir a algum lugar pra comer?

– Você pode ir até o *pub* aqui ao lado, Zip. Fale com o garçom e diga que me conhece. Coma quanto quiser.

Caio ia em direção ao *pub*, quando Sherlock avisou:

– Não precisa bater na porta quando voltar! Deixarei destrancada!

Sherlock entrou no prédio e, no saguão, encontrou o informante, o número UM, que parecia meio nervoso. O detetive cumprimentou-o:

– Olá, UM! O que o traz aqui?

– Soube que está novamente investigando o caso dos números primos e que dessa vez está mais próximo de solucionar. Tenho informações muito valiosas que poderão ajudá-lo.

– Vamos subir!

Sherlock levou o informante para seu apartamento. Ao entrarem na saleta, o detetive, depois de acender o lampião, foi direto para sua escrivaninha, deixando o colega parado perto da porta. Enquanto o detetive verificava as pastas, uma sombra foi se projetando na parede à frente, sem ele perceber. Quando a luz da chama ficou mais intensa, a sombra tomou forma.

Agora, via-se claramente que se tratava da silhueta de um homem. O braço dessa sombra se levantou lentamente, revelando uma faca ameaçadora.

– Cuidado, Sherlock! Atrás de você!

Caio gritou na hora em que o número UM estava tentando apunhalá-lo pelas costas. Mas com o grito do salvador, Sherlock desviou a tempo, e apenas recebeu um corte no braço. O número UM errou o golpe, mas já se preparava para outra tentativa.

Caio se jogou em cima do informante. Os dois rolaram pelo chão até que Sherlock aplicou um golpe, tirou a faca e acabou imobilizando o traidor.

– Está bem! Vocês me pegaram!

– Por que você tentou matá-lo, seu desgraçado? – questionou Caio.

– Porque ele não é apenas um informante. Não é mesmo, número UM? – elucidou o detetive. – Que disfarce perfeito para o chefe dos CONJUNTOS DOS DIVISORES!

Caio ficou pensativo por um breve momento até deduzir...

– Mas é claro! As fotos que o policial enviou. Eles o mataram, porque ele havia descoberto a verdadeira identidade do número UM.

– Eles, não! Eu o matei e agora, eu tinha que tentar acabar com você, Sherlock Holmes. Eu faço parte do crime organizado. Eu sou o maioral. Você estava perto demais de desvendar...

"SEMPRE, EU, O NÚMERO 1, FAÇO PARTE DO CONJUNTO DE DIVISORES. Eu confesso!"

– Vamos colocar esse culpado cara a cara com os outros suspeitos – disse o detetive.

Juntos, Caio e Sherlock amarraram o falso aliado e o levaram para a cadeia.

Multiplicaram todos os fatores primos de **30**, do exemplo anterior, pelo divisor **1**.

Eles não suportaram a pressão. Caio começou a pegar alguns dos divisores.

Multiplicaram cada fator primo envolvido na fatoração por cada um dos divisores que já tinham sido pegos.

Resultado dessas novas multiplicações: Acabaram pegando todos os divisores!

		1
30	2	2
15	3	3 - 6
5	5	5 - 10 - 15 - 30
1		

– Pronto! – Sherlock estava orgulhoso. – Agora era só prendê-los! Vamos colocá-los atrás das...

– Das grades? – Caio deduziu bem animado.

– Não, caro amigo. Quando se trata desse bando tão perigoso, o melhor é enfileirá-los e colocá-los atrás das chaves.

– Os números {1, 2, 3, 5, 6, 10, 15, 30} são, na verdade, o conjunto de divisores de 30.

– Elementar, caro Zip! Utilizando esse sistema, que você conseguiu com a ajuda dos números primos e do número 1, você será capaz de desbaratar qualquer quadrilha de divisores que aparecer. Saberá **QUEM** são os divisores, os que não deixam vestígios dos crimes cometidos e não deixam restos.

"Se você quiser só saber **QUANTOS divisores** tem um número, basta seguir essa regra: **Pegue os expoentes do número fatorado, some 1 a cada um deles e multiplique-os.**"

Ex:	120	2
	60	2
	30	2
	15	3
	5	5
	1	1

Resultado: $2^3 \times 3 \times 5$

Expoentes são: 3, 1 e 1

Somamos 1 para cada expoente:

(3+1) x (1+1) x (1+1) = 4 x 2 x 2 = **16**

Esse valor final indica que o bando, o conjunto de divisores de 120, é composto por 16 números. Confira!

Justificativa:

Esse mais 1 somado em cada expoente corresponde aos fatores de expoente zero, que não podem deixar de participar do cálculo.

Tire a prova usando a regra em 495!

		1
495	**3**	3
165	**3**	3 - 9
55	**5**	5 - 15 - 45
11	**11**	11 - 33 - 99 - 55 - 165 - 495
1		

Os divisores são

{1,3,5, 9, 11, 15, 33, 45, 55, 99, 165, 495}

3 x **3** x **5** x **11** = 3^2 x 5 x 11 os expoentes são: 2, 1 e 1

Somando 1 a cada expoente:

(2+1) (1+ 1) (1+1) = 3 x 2 x 2 = **12** divisores

– Caso elucidado! – concluiu Caio Zip.

– Quase! – exclamou Sherlock com ar intrigado. – Você ainda não me explicou, Zip, como apareceu tão rápido na hora em que o informante tentou me matar.

– Você é demais, Sherlock, mas...

– Mas o quê? – irritou-se o detetive.

– Mas esqueceu que já era de madrugada quando me mandou para o *pub*. O lugar já estava fechado. A propósito, vamos arranjar uns sandubas?

Sherlock, sem graça, ficou sem resposta.

Caio estava muito entusiasmado com tudo que estava acontecendo. Já na casa do investigador inglês, os dois comiam um sanduíche inventado por Caio. Sherlock aproveitou o momento e falou.

– Agora que você já está começando a entender como deve ser feita uma investigação, que tal ver se você realmente tem alma de investigador?

– Manda, chefe! – concordou Caio, batendo a mão contra a do detetive.

O Desafio

Sherlock começou o desafio pegando quatro palitos de fósforo. Em seguida ele os colocou em cima da mesa formando uma figura, ficando desta forma:

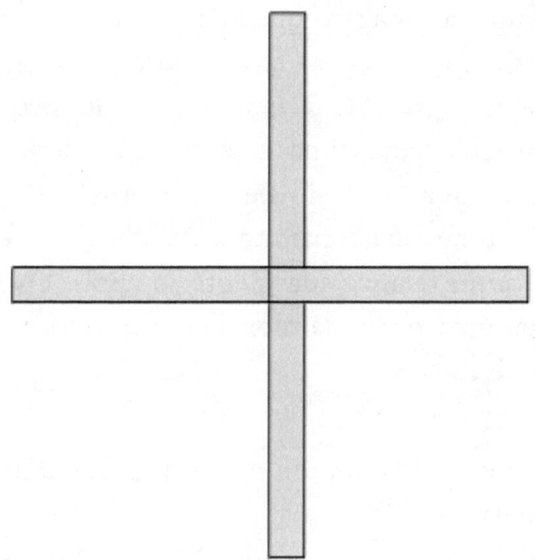

– Mova apenas um dos palitos para formar um quadrado.

– Caio olhou aqueles palitos e ficou a formar os possíveis movimentos mentalmente. Foi levando um tempo até que...

– Desiste? – mostrava o detetive um sorriso vitorioso. – Quer a resposta?

– De jeito nenhum! Eu quero fazer.

– Quer pelo menos uma dica?

– Tá, fala – concordou Caio sem tirar os olhos da figura.

– Use sua imaginação.

– Só isso?

– Não é "só isso", Zip. Isso é tudo.

Caio foi olhando para a figura sem se preocupar com os palitos em si... Em sua cabeça passavam ideias e mais ideias, mas todas davam no mesmo problema: não conseguia formar um quadrado mexendo apenas um palito. Enquanto Sherlock saboreava seu drink em pé diante da janela. Caio se soltou daquelas imagens que infestavam sua cabeça e por um momento reparou numa mosca que havia pousado no canto da mesa. O inseto rodeava um grão de açúcar formando pequenos círculos. Saboreou a minúscula guloseima e como que alertada de algum perigo voltou a voar. Quando Caio perdeu o inseto de vista, voltou a rever o problema. Começou a reparar nos detalhes, nas formas que os palitos tomavam e num relance sua mente se abriu. Os olhos vibravam e com a mão deu uma pequena mexida em um dos palitos, formando um pequeno quadrado.

– Achei!

Sherlock deu uma olhada rápida, tomou mais um gole e depois se virou novamente para a janela.

– Ué! – disse Caio, cruzando os braços. – Não vai dizer nada?

– O que posso dizer? Você só comprovou o que eu já havia presumido. Você é obstinado e está aprendendo a perceber que às vezes devemos deixar o problema de lado para achar a solução. Mas será que é realmente observador?

– Vai me dar outro desafio?

– Este requer mais astúcia, aceita?

– Manda!

Sherlock deixou a xícara, pegou uma folha de papel e escreveu. – Tome! – disse ele, entregando a folha. – Diga qual é a próxima letra da sequência.

Caio fixou-se na anotação: D T C S O T

Ele tentava várias combinações, verificava a posição das letras no alfabeto...

– Sherlock, isso não dá! Aí tem truque, não é?

– Truque?

– Eu já tentei de tudo, mas nada faz sentido.

– Posso? – o detetive pegou a folha e rabiscou a letra D.

– Como D?

– D , T, C , S , O e T são as iniciais.

– Iniciais?

– Sim, iniciais dos primeiros números primos Dois, Três, Cinco, Sete, Onze, Treze. Logo a próxima inicial seria...

– D de dezessete – aborreceu-se Caio. – Mas isso não vale!

– Claro que vale. Tem-se uma lógica, vale! Você só tentou combinações, sequência numérica, mas esqueceu de uma coisa: a lógica pode ser encontrada em qualquer lugar!

– Mas, Sherlock! Como alguém poderia acertar esta?

– Eu acertei. Mas, para falar a verdade, só consegui depois de ficar um bom tempo junto da minha fonte de inspiração criativa.

– Que fonte?

– O violino! Fiquei tocando violino por um bom tempo.

– Ainda acho que não valeu. Agora que você mostrou a resposta parece tão fácil.

– As soluções sempre parecem simples quando resolvidas. – Sherlock apoiou a mão no rapaz. – Zip, resolva os casos do jeito mais simples que você puder, porém jamais se limite a resolver os mais simples. Um bom detetive é intuitivo, observador e procura sempre o conhecimento. Acima de tudo, sempre tente se superar, buscando seu próprio aperfeiçoamento. Não fique preso a convenções, meu rapaz. Liberte-se!

Sherlock conduziu Caio para a casa de um velho amigo; fazia questão dessa visita. Os dois estavam dentro da carruagem, quando o detetive pressentiu que o tempo do viajante na velha Londres estava terminando e comentou:

– Zip, haverá muitos problemas para resolver, mas, com seu poder recém-descoberto e com muita calma para observar em sua volta, nada lhe escapará. A máquina do tempo do meu amigo ainda está em fase de experiência – Sherlock parecia preocupado. – Como era um caso de vida ou morte, ou melhor, de saber ou não saber, resolvemos arriscar a sua vinda até aqui.

– Quando vou pra casa?

– A máquina ainda requer aprimoramentos. Você poderá retornar para sua época, mas não sei quando isso ocorrerá. Poderá também ser tragado pela passagem do tempo e enviado para qualquer lugar, passado ou futuro... Ou até mesmo para uma dimensão paralela e, desse modo, transformar-se em outra pessoa. Algumas vezes você se sentirá sem energia e poderá perder os sentidos, mas será apenas temporário.

Eles, agora, encontravam-se na frente de uma casa.

– Bom, venha comigo. Quero apresentá-lo ao meu parceiro que tem prometido trazer meu amigo cientista... – Subitamente, Sherlock interrompeu a fala, pois o rapaz desaparecera envolvido por uma nuvem azulada.

– Watson! – gritou assustado o detetive, já na porta da casa do amigo que o atendeu rapidamente. – Ele se foi!

– É, Sherlock, parece que vai demorar muito tempo para que o nosso H.G. resolva esse caso.

5. O SPA

Pura Matemática é, de sua maneira, a poesia das ideias lógicas.

Albert Einstein

Rodando e rodando... Essa era a única sensação do viajante do tempo mesmo depois de verificar que já havia chegado em algum lugar. Por algum motivo, Caio não conseguia controlar o movimento do seu corpo.

"Terminou seu tempo. Espere o desligamento total do aparelho para sair."

Caio estava confuso. Ao ouvir aquela voz pré-gravada, notou que seu corpo estava preso dentro de um simulador de voo, o mesmo utilizado por astronautas ou em parques de diversão para reproduzir um ambiente sem gravidade. Já estava ficando enjoado dos giros, principalmente, quando ficava de cabeça para baixo. Finalmente sentiu que o aparelho fora desligado.

Livre do simulador, com os pés no chão, pôde focalizar melhor a imagem do local. Era uma pequena sala vazia e um pouco escurecida.

Subitamente, uma luz apareceu e a voz autoritária prosseguiu:

"Dirija-se à saída e, por favor, não se esqueça de colocar suas botas. É obrigatória a sua utilização."

Por estar muito atordoado, ele nem tentou descobrir o que ocorria. A única coisa que vinha a sua mente era sair logo daquele lugar frio e estranho. Obediente, calçou as botas, que pareciam ser de um material muito leve, ajustou-as nos seus pés como se fossem meias e seguiu em direção à luz. Ao atravessá-la, teve uma visão das mais incríveis de sua vida.

Na sua frente, estava um belo jardim ornamentado com muitas flores de múltiplas cores e cheio de animais pequenos. Uma cachoeira, com uma grande queda, formava um rio longo com corredeiras. Do lado esquerdo, podia-se avistar uma montanha com seu pico coberto de neve. Do outro, golfinhos saltavam em águas verdes cristalinas na beira de uma praia de areia dourada.

Havia homens e mulheres fazendo ginástica: alguns, na musculação; outros, nadando ou fazendo caminhada a pé. Também havia cavalos de cores diversas, entre eles, unicórnios. Era lindo ver as bicicletas feitas apenas de raio laser.

– Como pode ser?! – Caio pensou alto. – Só posso estar no paraíso.

Um grupo de jovens veio ao seu encontro. Todos usavam roupas esportivas e botas iguais as dele. Queriam conhecer o novo componente. Durante a conversa, Caio Zip finalmente descobriu do que se tratava aquele sonho de lugar: era um SPA, assim denominado pelo pessoal. Um lugar onde as pessoas se hospedavam a fim de cuidar do corpo e da mente. Um lugar bem especial. Quando questionava sobre a paisagem, um grupo de rapazes o convidou para participar de uma partida de skatebol.

O jogo baseava-se nas regras do beisebol, mas, em vez de correr a pé entre as bases, o jogador usava um skate.

Animado com a novidade, ele aceitou. Afinal, skate era a sua paixão. Entre os amigos do seu tempo, era o que mais sabia executar manobras radicais. Gastava horas no sol ou na chuva treinando. Queria participar do campeonato, mas seus pais o proibiram de treinar, por causa da nota baixa em matemática.

Já no local do jogo, com o novo rebatedor em sua posição, deram início à partida.

Caio estava impressionado. O campo era imenso e entre as bases havia pistas laterais, rampas em forma de meio círculo e até um túnel bem estreito que ficava atrás de outra rampa, essa especial, com a forma da letra "e".

Caio estranhou o bastão que lhe deram. Só havia o pedaço do cabo para segurar. Como iria rebater? Ao segurar firme, uma surpresa. De dentro do cabo surgiu um feixe de luz com o formato da parte que faltava do bastão. Ao tentar tocar na luz, ficou intrigado. A luz verde clara possuía consistência sólida. Parecia ser mais resistente que os bastões feitos de madeira, tornando-se mais fácil e mais leve ao manejo.

– Demais! – reagiu o viajante do tempo. – Afinal, que lugar é esse? Ou melhor, que tempo é esse, hein?

Lançaram a bola. Uma esfera com uma luz vermelha piscante veio em sua direção. Por puro reflexo, Caio Zip a rebateu.

A bola foi arremessada para perto da praia e um dos adversários foi pegá-la.

– Pega logo o *skate,* menino! – gritou o juiz.

Ainda incrédulo com seu feito, ele custou a entender a ordem.

– Vai logo, Zip! – gritou o seu time.

Ele subiu no skate ao seu lado, mas sem perceber que não possuía rodinhas, deu um impulso e... Começou a voar! Só não se desequilibrou porque o skate era feito de metal e suas botas eram, na verdade, um calçado magnético, que funcionava como um imenso imã.

Caio estava radiante. Era tudo incrível! Ele voou passando pelos obstáculos, que lhe davam mais velocidade ou auxiliavam nas manobras. Ao passar pelo túnel estreito, por exemplo, ficou agachado e, ao sair do outro lado, teve que desviar de mais um obstáculo e seguir para a rampa especial, ficando até de cabeça para baixo. Antes de a bola ser jogada para a última base, Caio conseguiu chegar, marcando seu primeiro ponto.

O tempo voou...

– Zip! Zip! – a torcida já estava formada. – Vai, Zip! Vai, Raio Zip!

Faltavam mais alguns pontos. A vantagem era do time adversário. Caio, agora Raio Zip, estava concentrado para tentar uma boa rebatida. A bola veio com efeito, mas não adiantou. Rebateu e, dessa vez, lançou-a tão forte que furou o céu.

– Mas como! – espantou-se Zip. – É impossível!

A bola abriu uma fenda de um bom tamanho no meio de uma nuvem. Com isso, deixou transparecer cabos e fios elétricos em curto.

Um grupo de dez homens apareceu. Todos uniformizados e com uma particularidade que chamou a atenção de Caio: todos tinham a aparência idêntica. Pareciam ser clonados.

– É muito alto! – comentou um dos funcionários.

– Vamos ter que tirar as botas – concluiu o outro gêmeo.

Ao tirarem as botas, eles começaram a voar até alcançarem a brecha defeituosa. Uma voz, a mesma que Caio ouvira na pequena sala, ordenou:

"Todos aqueles que não pertencem ao grupo da manutenção, devem permanecer em seus lugares. Ao final do reparo da sala virtual, poderão dar prosseguimento aos seus programas de exercícios físicos e mentais."

O viajante do tempo estava maravilhado. A paisagem ao redor ficara turva como a de uma TV com problemas de transmissão. Os funcionários voavam com sincronismo. Caio não pôde mais resistir à tentação... Tirou as botas e começou a voar pela sala.

O pessoal que estava no chão apreciava aquele voo. Já estavam tão acostumados com tudo aquilo que esqueceram como tinha sido emocionante a primeira vez que puderam voar, o quanto era boa aquela sensação de liberdade. O resultado não podia ser diferente. Todos tiraram as botas e voaram bem alto.

Caio dava cambalhotas no ar. Brincava de pega-pega com o pessoal, quando a voz alertou:

"Não foi dada autorização para esse evento! Todos que não pertençam ao grupo de manutenção devem retirar-se do recinto imediatamente. A gravidade será restabelecida gradativamente. O almoço do SPA será servido no refeitório B dentro de quinze minutos."

A sala foi evacuada. Ao chegarem nos corredores, Caio estranhou. Mesmo tendo pequenas janelas nas laterais, os corredores estavam iluminados somente por luzes artificiais. Parecia que era noite e, não, hora do almoço, como a voz anunciara. Caio ainda tentava desvendar o mistério do almoço servido à noite, quando um rapaz de cabelos ruivos e olhos azuis aproximou-se.

– Olá, Zip! Eu sou Malba Tahan. Joguei no outro time, lembra? Que jogo! Que curto!

Caio deu um leve sorriso, mas ainda estava intrigado com tudo aquilo. O ruivo notou e perguntou:

– É a sua primeira vez no SPA, não é? O que você está achando desse tempo fora da Terra?

– Como é que é? Fora de onde? Onde é que fica esse SPA?

– Mas é claro que um SPA só pode ficar no espaço. De que planeta você veio? Marte?

Caio correu para uma das janelas. Estava muito escuro, mas mesmo assim conseguiu ver infinitos pontos brilhantes. Ao olhar mais à esquerda descobriu algo que o deixou boquiaberto. Lá estava o planeta Terra. Virou-se para o amigo e perguntou, ainda sem acreditar:

– Que lugar é esse? O que é um S.P.A.?

– Que lugar é esse? Bom, deveria ser um S.P.A., abreviatura de Space Pura Animação. Uma estação orbital projetada para funcionar como uma clínica de recuperação de pessoas estressadas, que precisam de novos "ares" e com problemas de "peso".

– Que coisa incrível!

– Bom! Nem tanto. Para mim, isso aqui parece uma prisão. Tudo aqui é controlado por computadores... Sinto falta de liberdade, de um lugar sem ser monitorado. É triste saber que ficar aqui é melhor do que na Terra, com toda aquela poluição, não acha?

Caio não sabia o que dizer, muito menos o que fazer. Malba o puxou pelo braço:

– Venha! Vamos até o refeitório. Prometeram que hoje teríamos uma comida muito boa.

Chegando ao refeitório, entraram numa longa fila.

– Ah! Essa não! – reclamou um homem, o primeiro da fila.

– Não tenho nada com isso! – respondeu o atendente. – Fale com o meu superior.

Malba foi até o início da fila e perguntou:

– O que houve? – o primeiro da fila mostrou a bandeja com um prato cheio de pílulas coloridas. –– Que porcaria! – gritou o ruivo.

O gerente, clone do atendente, chegou e aproximou-se de Malba.

– O que está havendo? – indagou o gerente.

– Olha que absurdo. Cadê a comida? – Malba estava furioso.

– Não tenho nada com isso! – ignorou o gerente, num tom cheio de impaciência. – Se quer reclamar, fale com o meu superior.

Malba reclamou com vários superiores até perder o controle:

– Chega! Vocês prometeram uma comida boa hoje! – revoltado, ele pegou um punhado de pílulas e subiu numa das mesas. – Vocês prometeram que, depois de várias semanas de exercícios e tomando essas pílulas, nós teríamos nossa recompensa. Vocês prometeram que hoje serviriam comida mastigável e onde ela está? Estão servindo novamente essas drogas! – Malba atirou as pílulas no chão. – Isso não vai ficar assim. Abaixo as pílulas!

Todos gesticularam, concordando. As pílulas coloridas alimentavam, mas um dos efeitos colaterais que elas possuíam era a terrível sensação de fome e de mau humor.

Um pequeno grupo de mulheres mais exaltadas decidiu ir até a cozinha à procura da sala das guloseimas ao lado do balcão de atendimento, onde eram guardados diversos tipos de doces e salgados. Infelizmente, elas não tiveram êxito, pois o lugar era monitorado por câmeras ligadas a um computador que verificava a presença de intrusos. Foi acionado o alarme e um gás sonífero tomou todo lugar, fazendo o grupo dormir profundamente.

Algumas pessoas vasculharam a cozinha até encontrar um processador de alimentos tamanho gigante. A máquina possuía uma portinha por onde saía diversos tipos de refeições. Para acioná-la, bastava apenas saber o código e digitá-lo num painel superior. Como o pessoal desconhecia o código, os famintos arrebentaram o painel e tentaram abrir a portinha à força. Logo outro grupo chegou e destruíram tudo que encontraram no caminho. A briga começou, Caio foi atingido pelas costas por uma cadeira e ficou inconsciente.

De repente, apareceu o médico responsável por aquele lugar, agora denominado pelo pessoal da cozinha de SPA WAR. O doutor Mario, o chefe do lugar, viu aquela confusão de mulheres e homens rolando pelo chão, uns em cima dos outros. Furioso, o doutor gritou:

– Parem com isso! Chamem os Diets!

Ao dar o alerta, surgiram vários rapazes e moças de jalecos verdes cercando os revoltosos. Um desses enfermeiros Diets perguntou ao médico:

– E agora, senhor? O que devemos fazer com eles?

– Separem homens e mulheres. Vamos levá-los para o desmemorizador de apetite. Assim, esses desordeiros esquecerão da fome até o final do programa.

– Como faremos isso, senhor?

– Temos que dividi-los em GRUPOS de forma que tenham quantidades iguais e com O MAIOR NÚMERO POSSÍVEL de pessoas em cada um.

– Por que o senhor os deseja em grupos com o maior número? – questionou outro enfermeiro idêntico ao anterior. – Que eu saiba, o desmemorizador é usado para terapias individuais.

– Você está certo, mas quando temos pacientes em crise, o aparelho funciona melhor quando aplicado em grupos.

– E por que separá-los, doutor? – ficou intrigada uma enfermeira ao lado do médico.

– Não podemos levar os homens e as mulheres misturados. Normalmente, elas necessitam de uma dose mais forte para esquecerem completamente do apetite. Essa é a nossa melhor alternativa.

– O que faremos com esses feridos, doutor? – procurou saber uma enfermeira muito estranha, de olhos laranja.

– Levem os mais machucados para a sala de recuperação, enfermeira Carla. Quanto aos outros, com ferimentos superficiais ou inconscientes, para a sala de sonhos. Pelo menos, por algum tempo, não nos darão problemas.

Os briguentos não queriam colaborar, mas o doutor Mario não estava para conversa. Malba estava muito ferido, principalmente no rosto, e um enfermeiro o carregou. Caio, que já estava acordado, juntou-se ao grupo que seria levado ao desmemorizador. Com a retirada dos feridos, o doutor começou a difícil tarefa de separar os restantes e a formar os grupos de maior número possível.

– Temos 56 homens e 84 mulheres. Veremos quantos grupos distintos poderão ser formados e quantos ficarão em cada grupo.

Ele explicou aos seus assistentes como obteria os valores.

– Em problemas como esse, em que desejamos dividir quantidades diferentes de elementos distintos, estamos querendo, na verdade, descobrir o maior divisor comum entre essas quantidades. Então podemos começar comparando os conjuntos de divisores dos números 56 e 84. Vamos aplicar uma dose de fatoração a essas quantidades de homens e de mulheres.

A enfermeira Carla pegou injeções de fatoração e aplicou no problema.

		1			1
56	2	2	**84**	2	2
28	2	2-4	42	2	2-4
14	2	2-4-8	21	3	3-6-12
7	7	7-14-28-56	7	7	7-14-28-21-42-84
1	1		1	1	

– Os resultados dos conjuntos de divisores, doutor.

D(56) = {1,2,4,7,8,14,**28**,56}
D(84) = {1,2,3,4,6 ,7,12,14,21,**28**,42,84}

O médico interpretou os exames para os leigos presentes.

– O número **1** é o divisor de TODOS os números. Comparando os dados obtidos, podemos concluir que o MAIOR DIVISOR COMUM entre **56** e **84** é **28**. Ou seja, teremos 28 pessoas em cada grupo. Agora, só precisamos dividir 56 por 28 para saber quantos grupos masculinos e 84 por 28 para saber quantos femininos.

– Aqui estão os cálculos que o senhor pediu, doutor. Teremos 2 grupos masculinos e 3 femininos, um total de 5 grupos.

– Ótimo, Carla! Mas agora quero ensinar uma fórmula mais rápida. Vamos usar um tratamento de choque, o método **M.D.C.**

Maior Divisor Comum (M.D.C.)

– Quais os números primos comuns entre 56 e 84? – perguntou o médico.

– Usando a injeção de fatoração completa, doutor, teremos:

$56 = 2 \times 2 \times 2 \times 7 = \mathbf{2^3 \times 7}$
e
$84 = 2 \times 2 \times 3 \times 7 = \mathbf{2^2 \times 3 \times 7}$

– Verifique OS NÚMEROS PRIMOS COMUNS ENTRE ELES.

– São: $2 \times 2 \times 7$, ou melhor, $2^2 \times 7$, senhor.

– Muito bem! Aplique esses primos.

– Se fizermos o produto entre eles dará: 2 x 2 x 7 = 28. O mesmo valor encontrado anteriormente! Prático esse método, doutor!

– Vejamos, agora, as duas propriedades medicinais do M.D.C., método que não possui contraindicações:

1) Em fatores como 12, 24 e 48, por exemplo, o 12 é divisor de 24 e 48. Se aplicarmos o novo método, veremos que o fator 12 é o divisor comum dos outros, esse será o valor do M.D.C.

2) Para descobrir o famoso M.D.C., basta multiplicar os números primos comuns entre eles e não esquecer que o número primo de menor expoente é o que vale para os dois fatores.

Se não houver primos em comum, NÃO SE ESQUEÇA DO NÚMERO 1, o divisor de todos os números.

Com o final da explicação, os grupos foram formados. Um dos pacientes, muito chateado com tudo aquilo, culpou o doutor Mario por não ter liberado a comida. O médico assumiu a culpa e disse que pretendia cumprir a promessa, mas o computador avisou que o programa de exercícios ainda não havido surtido o efeito desejado. A balança os denunciara. O peso do pacientes na estação espacial, sem a gravidade da Terra, marcava zero, para a felicidade de todos. Mas ao verificar a massa corpórea... Bem, esta ainda ficou indicando que estavam bem acima do normal. E agora, por causa daquela briga, o médico resolveu que só liberaria a comida quando os homens e as mulheres deixassem de agir como crianças e levassem a dieta a sério. A fórmula do M.D.C. foi apelidada, pelos enfermeiros, de Mario Dividindo Crianças.

Os grupos foram levados para a sala da desmemorização. No caminho, Caio se sentiu fraco e desmaiou. Doutor Mario verificou que o rapaz estava com a energia vital muito baixa e precisava ser levado à sala de sonhos. Com isso, ele daria início a um tratamento feito à base de um coquetel de vitaminas injetado diretamente na veia.

Depois de tanta agitação, o SPA encerrou suas atividades do dia. Os funcionários foram descansar e os participantes da terapia de grupo desmemorizante foram para seus quartos, sem lembrar mais daquela fome. Caio estava sonhando há algumas horas. Naquele momento, a cena que vinha a sua mente era a de um assado maravilhoso servido pela sua mãe. Ela estava em pé, na sua frente, com um sorriso angelical. A imagem foi se dissipando. No seu lugar, surgiu uma visão assustadora. Uma múmia o assombrava e evocava o seu nome:

– Caio! Acorde, Caio! Acorde!

Ele abriu os olhos, sobressaltado. A figura do seu pesadelo estava realmente ali, na sua frente. O monstro tentou tranquilizá-lo:

– Calma, Zip! Sou eu!

Caio esfregou os olhos e, finalmente, conseguiu desvendar o mistério da múmia. Na verdade, era um rapaz com a cabeça enfaixada. Seu rosto estava bem machucado e Caio só conseguiu reconhecê-lo pelos grandes olhos azuis.

– Malba! É você? Mas o que foi isso?

– Ah! Não é nada, Zip! É isso que dá se envolver em briga.

A falsa múmia explicou que ele e algumas pessoas excluídas da desmemorização estavam planejando arrombar a sala de guloseimas.

– O local é bem vigiado por câmeras – relatou Malba. – E para que não sejamos detectados, pensei em utilizar os skates voadores. Eu e você poderíamos executar rápidas manobras para burlar a segurança. Os outros companheiros ficariam escondidos esperando por nós.

Agora que estava acordado, sentia uma fome incontrolável, Zip percebeu que sua única escolha seria participar. Valeria a pena enfrentar o perigo para acabar com aquela maldita sensação. Caio levantou-se e foi com o amigo encontrar-se com o pessoal. Malba formou um círculo e começou a explicar o plano.

Para não serem pegos pelos enfermeiros, ele e Caio trariam a comida voando, indo e voltando várias vezes para o quarto em que o pessoal ficaria reunido. Malba iria num intervalo de 15 em 15 minutos e Caio, de 20 em 20 minutos. A tarefa seria encerrada, quando os dois retornassem ao ponto de partida.

Ao lado de Caio estava uma garota de cabelos longos, alta e muito magra com belos pares de pernas mecânicas, que parecia uma verdadeira supermodelo. A jovem prestava muita atenção e, com dúvida, ergueu um braço:

– Sim, senhorita Gisele Bean, pode falar.

– Quando vocês irão se encontrar novamente nesse quarto? Vão demorar?

– Para saber isso, senhorita Gisele, precisaremos calcular. Certamente, se eu e Caio ficássemos o tempo todo indo e voltando para o mesmo ponto, iríamos nos encontrar várias vezes. No caso, o primeiro encontro já deverá ser o suficiente para conseguirmos uma boa quantidade de suprimentos saborosos, quero dizer, bastante comida de verdade. Para obtê-la, deveremos calcular o menor valor comum que seja divisível por ambos os intervalos, ou seja, o menor múltiplo comum entre eles.

Malba enfaixado, coitado!

Mínimo Múltiplo Comum (M.M.C.)

– Que nome! O que é múltiplo? Por que temos que calcular isso? – espantaram-se todos.

O enfaixado explicou:

– Tá bem! Tá bem! Vamos por os pingos nos "is".

Malba pegou uma folha de papel reciclado e começou a descrever a sua ideia.

– Vejam, por exemplo, o número 32. Esse número, quando dividido por 8, não sobra resto, ou seja, ele é divisível por 8. Então 32 é um número que consta na tabuada de 8. Ser múltiplo é o mesmo que ser divisível pelo número.

Agora, os múltiplos de 2, 5 e 8:

M(**2**) = {0, 2, 4, 6, 8, 10, 12, 14, 20, 22, 24, 26, 28, 30, 32, 34, 36, 38, 40, 42, 44, 46, 48...}

M(**5**) = {0, 5, 10, 15, 20, 25, 30, 35, 40, 45, 50, 55...}

M(**8**) = {0, 8, 16, 24, 32, 40, 48, 56, 64, 72, 80, 88...}

Tirando o senhor zero, qual o menor valor, que é múltiplo ao mesmo tempo de **2, 5** e **8**?

– Comparando a tabuada desses números, seria 40 – respondeu rapidamente Gisele, experiente em analisar tabelas, principalmente, as de calorias.

– Isso significa que 40 é o primeiro múltiplo comum aos três números, pois como a tabuada é infinita teremos infinitos múltiplos comuns – concluiu Malba, completando –, mas tabelas tomam muito tempo. Vamos usar outro método, conhecido por M.M.C. (mínimo múltiplo comum).

"Fatorando os números 2, 5 e 8 temos:

2	2
1	1

5	5
1	1

8	2
4	2
2	2
1	1

"Vamos considerar todos os fatores, cada um deles com o maior expoente. *Então o* M.M.C. de (2, 5, 8) = 2^3 x 5 = 8 x 5 = 40. Notaram que foi mais rápido com esse método do que ficar montando a tabuada de cada número?"

– Se é dessa forma, por que não fazemos a decomposição dos três NÚMEROS ao mesmo tempo? Ficaria mais rápido ainda, não é? – raciocinou Caio.

– Você pega tudo rápido, Raio Zip! Do *Skatebol* ao M.M.C. Você está certo. Essa FATORAÇÃO SIMULTÂNEA pode ser feita – concordou Malba, demonstrando:

$$\begin{array}{ccc|c} 2 & 5 & 8 & 2 \\ 1 & 5 & 4 & 2 \\ 1 & 5 & 2 & 2 \\ 1 & 5 & 1 & 5 \\ 1 & 1 & 1 & \end{array}$$

– Vai, Raio Zip! Vai, Raio Zip! – a turma se animou com o rebatedor do time do M.M.C. (Muita Muita Comida).

– Pronto! Agora quero fazer as duas últimas observações:

1) Se os números fatorados forem PRIMOS entre si, se não houver números primos em comum, BASTA MULTIPLICÁ-LOS para achar o M.M.C.

Ex:

7	15	3
7	5	5
7	1	7
1	1	

M.M.C = 3 x 5 x 7 = 15 x 7 = 105

2) Se um dos números fatorados for múltiplo de todos os outros, esse número será o valor do M.M.C.

Ex: 3, 9, 12, 36?

"O número 36 é múltiplo de todos os outros. Então, o valor do M.M.C. é igual a 36. Se tiverem dúvida, façam a fatoração e verifiquem o resultado.Voltando para o nosso plano... Se eu trouxer a comida num intervalo de 15 em 15 minutos e Caio de 20 em 20 minutos. Então, pelos meus cálculos:

15	20	2
15	10	2
15	5	3
5	5	5
1	1	

M.M.C. = 2^2 x 3 x 5 = 60

"Isto significa que nós iremos nos reunir novamente depois de 60 minutos, ou melhor, depois de uma hora."

Caio aproveitou a pausa para reparar na garota ao seu lado. Ele agora pôde perceber que, no colo de Gisele, havia uma caixa fechada com vários furos em suas laterais. De dentro da caixa saía um som baixo e estranho. Curioso, virou-se para ela.

– O que tem nessa caixa?

– Ah! É minha colônia de bichinhos de estimação. Quer ver?

A garota abriu devagar a tampa da caixa. Caio ficou impressionado.

– Essa é de louco! Dinossauros em miniatura!

– Consegui esses na loja de animais clonados do SPA.

Caio não resistiu e tentou pegar um dos animais.

– Aaaai! – berrou Caio.

Ele tirou rapidamente a mão, mas já era tarde. Seu dedo estava servindo de lanche para um tiranossauro. Ficou com aquele monstrinho pendurado, que não largava de jeito nenhum. Gisele reagiu rapidamente.

– Jurassix! Sua mocinha levada! Solte o dedo do meu amigo! – ela começou a fazer cosquinha na barriga da tiranossaura, até que finalmente o soltou.

Gisele colocou o bichinho na caixa e foi ajudar o rapaz.

– Essa doeu muito!

– Ah, que isso, Caio! Desculpe-me pelo que houve. Ela só queria brincar. Foi só uma mordidinha.

– Mordidinha! Essa coisa quase tirou o meu dedo fora!

Caio percebeu que Gisele ficara magoada, acalmou-se e tentou animá-la.

– Tudo bem! Já estou melhor. Pode deixar que, quando eu for ao refeitório, trarei um pedaço de carne pro seu "bichinho".

– Não precisa! – Gisele procurou algo bem no fundo do bolso de sua calça e mostrou para Caio. – Está vendo? Esse é o alimento favorito dela.

– Só me faltava essa! Um tiranossauro vegetariano. É! Devo estar muito verde de fome pra ser confundido com uma alface.

Num outro momento, Caio e Malba começaram a cuidar dos preparativos para o grande "assalto à geladeira". Providenciaram mochilas, skates e relógios. Os dois saíram juntos e cada um seguiu o intervalo estipulado. O plano funcionava muito bem. Os skates voadores permitiam manobras que dificultavam que as câmeras disparassem qualquer alarme. Eles enchiam as mochilas e levavam o produto do roubo para o esconderijo. Malba fez o percurso quatro vezes e Caio, três. Nos exatos sessenta minutos, como Malba calculara, os assaltantes de geladeira se encontraram novamente.

Ao verem tantas guloseimas, tanta fartura na sua frente, o pessoal ficou incontrolável e avançou em cima da comida. Caio tentou avisá-los do imenso barulho que faziam, mas não conseguiu. Estava muito ocupado com a boca cheia de chocolate. Caio e os outros ouviram o som de passos rápidos se aproximando.

TUUUUM!

A porta foi arrombada. Eram os enfermeiros Diets e atrás deles estava o doutor Mário. E agora?

Detalhes Entre M.D.C. e M.M.C.

Mario encarou-os como se estivesse soltando faíscas. Estava prestes a explodir, mas não conseguiu ficar sério ao ver aquele bando de criminosos lambuzados. Respirou fundo e falou:

– Tá bem! Eu desisto! Eu sei o quanto deve ser difícil para vocês. Não têm culpa de terem nascido desse jeito. Vocês, certamente, não são perfeitos, como nós, clones, que podemos ser alterados geneticamente e mudar até o nosso tipo de alimentação.

– Clone! Mas só tem um de você? Onde está o doutor Mario original? – perguntou Malba.

– Ah! O meu pai? Ele não gostava muito desse programa alimentar. Achava que pessoas comuns não aguentariam nossas pílulas, por isso ele foi embora. Recentemente, ele inaugurou um novo tipo de SPA numa estação orbital brasileira. Trata-se de um lugar onde o conceito é bem diferente. Vendo vocês agora, começo a achar que ele tinha razão. Acho que estão no SPA errado e que se dariam melhor como clientes dele. – o médico notou que o pessoal continuava a se lambuzar de doces. – É! Eu desisto. Podem começar a arrumar suas malas. Mandarei preparar o ônibus espacial para levá-los a outra estação orbital amanhã bem cedo.

Todos estavam radiantes. Doutor Mario não esclarecera como era o outro SPA, mas achavam que qualquer lugar seria melhor do que aquele.

Durante a conversa, o médico tornou-se muito amigo de Malba. Do produto dessa amizade, puderam descobrir uma relação entre seus métodos matemáticos: **o produto de dois números é igual ao produto dos seus M.M.C. e M.D.C.**

Exemplo: Se havia 40 seguranças e 60 homens.

M.D.C. (**40, 60**) e M.M.C. (**40 ,60**)

40	2	60	2
20	2	30	2
10	2	15	3
5	5	5	5
1	1	1	1

40	60	2
20	30	2
10	15	2
5	15	3
5	5	5
1	1	1

$40 = 2^3 \times 5$ **M.M.C.** $= 2^3 \times 3 \times 5 = 120$

$60 = 2^2 \times 3 \times 5$ **M.D.C.** $= 2^2 \times 5 = 20$

$40 \times 60 = 2400$ e $20 \times 120 = 2400$

Com isso, doutor Mario conseguiu mostrar o seu trabalho, pelo menos o da amizade.

De manhã cedinho, doutor Mario levou todos até o espaço-porto. Caio, Malba e o resto do grupo se despediram e agradeceram a compreensão do médico. A viagem só durou algumas horas, até o novo destino. E não poderia ser um destino melhor. Ao avistarem a outra estação, ainda de dentro do ônibus, Caio e Malba se entreolharam sem acreditar no que viam. A estação era idêntica à anterior, mas com um detalhe que chamou muito a atenção dos rapazes: uma imensa placa na entrada, na qual estava escrito:

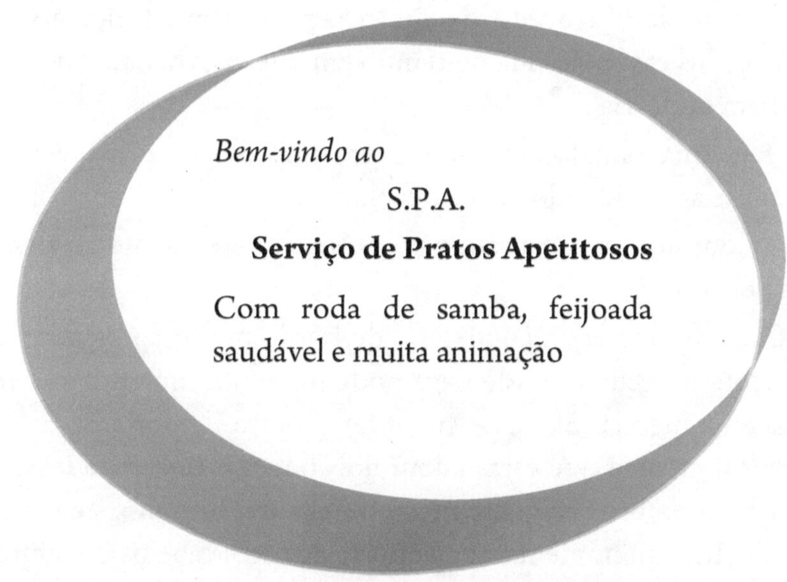

6. MISSÃO ABSOLUTAMENTE IMPOSSÍVEL

Vá fundo em qualquer coisa e você encontrará a Matemática.

Dean Schlicterr

Em algum lugar do mundo, sentado numa poltrona sem ninguém ao seu lado, a bordo de um avião, lá estava Caio, novamente confuso, pois essa máquina do tempo em que viajava não dava nenhum aviso para onde iria.

Deu uma olhada ao redor e viu que outros passageiros ainda estavam se acomodando para a decolagem.

– Com licença! Pediram para entregar esse pacote ao passageiro dessa poltrona.

Caio viu que era a comissária de bordo muito apressada jogando um pacote no seu colo. Ele nem pôde perguntar quem havia enviado aquela encomenda. Ela já se encontrava perto da porta do avião para socorrer uma mãe que estava com dois bebês e carregava uma maleta enorme no ombro. Naquele mesmo instante, um passageiro chegava atrasado. Era um homem alto, de porte atlético, cabelos castanhos bem penteados, usando um terno preto muito elegante e óculos escuros.

Caio percebeu como o homem olhava nervosamente para trás. Parecia estar se certificando de que ninguém o perseguia. Ao ver a mãe com os bebês bloqueando a passagem, o passageiro ficou irritado e pediu para ela se apressar, quase a empurrando.

Nervosa pelo incômodo, a mãe acabou deixando cair uma das crianças. O homem, com um grande reflexo, agarrou-a no ar. Todos a bordo acharam o feito heroico e começaram a aplaudi-lo. A senhora ficou emocionada e acabou beijando-o, pegando em seguida o bebê novamente. Quando ela se virou para frente para pedir à comissária que segurasse seu bebê no colo, sua maleta atingiu em cheio o rosto do homem. Ele se desequilibrou, bateu a cabeça num extintor de incêndio pendurado ao lado da porta, rodopiou e acabou rolando pela rampa de acesso da nave até cair no chão. Mesmo cambaleando, conseguiu se levantar. Deu um leve sorriso, mas, no outro segundo, caindo de costas lentamente, desmaiou.

A comissária chamou os seguranças e solicitou a remoção do ferido para o ambulatório do aeroporto. A seguir, ela finalmente acomodou os bebês e a mãe em prantos, lamentando-se pelo acontecido. Pouco tempo depois, o avião finalmente decolou.

Tudo resolvido, Caio lembrou-se do pacote no seu colo. Havia um envelope colado na parte de baixo. Ele o pegou e leu: "Só abra no final do voo."

Por um instante, Caio ficou na dúvida e pensou:

A) Espero até o final do voo para abrir.

B) Sou muito curioso, vou abrir agora mesmo.

C) Isso não deve ser pra mim. Vou devolver.

– É a letra B, escolho B! – Caio não percebeu que havia pensado muito alto, chamando a atenção de todos a bordo. – Tenho que parar de fazer tantos testes. Tô ficando louco – sussurrou.

Caio abriu o pacote. Nele havia um gravador com fones de ouvido. Ele colocou os fones e ligou o aparelho:

Olá, senhor X! Espero que esteja bem. Estamos novamente precisando dos seus serviços. Essa operação, caso você aceite, provavelmente será a mais difícil que já enfrentou. É quase impossível executá-la. Sua missão será: Encarar as frações.

Para ajudá-lo, estamos enviando uma equipe de apoio. Lembre-se! Caso você ou qualquer integrante do seu grupo seja capturado, nós negaremos qualquer conhecimento de suas ações.

Esta fita será destruída em 8 segundos: 8, 7, 6, 5...

O avião passou por uma turbulência e de repente, sem que Caio pudesse reagir, uma mulher muito pesada em seu colo, destruindo completamente o aparelho.

– Desculpe-me! Será que eu estraguei algo? – lamentou a senhora com uma voz aflita, ainda no seu colo.

– As mulheres desse voo são boas em queda! – brincou um passageiro atrás de Caio.

– Queda! – gritou a comissária. – No meu primeiro voo! Ah, não! Socorro!

Após uma viagem sem mais transtornos, Caio desembarcou e foi até a saída do aeroporto. Ficou parado observando o movimento dos carros sem saber o que fazer, até que apareceu um motorista de táxi. Ele era loiro de olhos verdes, parecia com algum ator de cinema. Muito cordialmente, ofereceu seu carro para o indeciso.

Antes de dizer alguma coisa, o motorista praticamente o empurrou para dentro do carro e fechou a porta. Caio tentou sair, mas o motorista arrancou com o veículo numa corrida frenética. Fazendo zigue-zague entre os carros à sua frente, o homem ultrapassou o sinal vermelho e fez uma curva muito fechada. Caio pedia por socorro, mas só se escutava o canto dos pneus e os gritos das pessoas, xingando, apavoradas, aquele louco. Caio bem que tentou impedi-lo, mas a cada curva ele caía de um lado para o outro.

Depois de um tempo, o motorista barbeiro parou na frente de um armazém. Olhou para o passageiro enjoado com um sorriso maroto. Caio não aguentou e esbravejou:

– O que é! Tá pensando que vai ganhar gorjeta, é?

O homem, calmamente, levantou as mãos e lentamente começou a arrancar a pele do rosto. Caio ficou horrorizado:

– Que é isso?

O homem continuou e finalmente Caio percebeu que havia outro rosto, agora com aspecto de um japonês, por debaixo daquela máscara. Depois de tirar completamente a máscara e a peruca, sorridente, ele perguntou:

– Gostou do meu disfarce, chefe?

– Chefe? Quem você acha que eu sou? E que ideia foi aquela de dirigir como louco?

– Queria trazê-lo para a nossa Central sem que fôssemos seguidos. Acho que me empolguei.

– Central?

– Ah, o que é isso, agente X! Eu soube que era você assim que eu o vi sentado na poltrona reservada do avião.

– Mas como? Agente X? Eu não vi você no avião. – Caio estava totalmente desnorteado.

– Desculpe-me! – falou o motorista, imitando uma voz fininha de mulher. – Será que eu estraguei algo?

– Era você? A dona que me amassou?

– Um ótimo disfarce, não acha?

– Você me machucou!

– Não era para ter aberto o pacote durante o voo. Eu tinha que agir rápido antes de o gravador pegar fogo – o motorista deu uma pausa e lembrou: – A propósito, gostei do seu disfarce de jovem turista. Estava esperando que enviassem aqueles agentes sem criatividade que sempre usam aqueles óculos escuros e ternos pretos. Está genial, agente X! Esse seu boné, então...

Caio entendeu que havia sido confundido com aquele passageiro azarado que não conseguiu embarcar. Pelo jeito, o viajante estava no lugar errado no tempo errado.

– Ah! Que falta de modos! – o motorista esticou o braço para Caio. – Sou Miul Karasxatas!

Caio, desnorteado, cumprimentou mecanicamente. O motorista saiu do carro e abriu a porta.

– Venha! Vamos entrar no armazém, ou melhor, no quartel-general.

Caio nem teve tempo de esclarecer o engano. Aquele homem de muitas caras o levou para dentro do armazém.

No interior do prédio deserto, Miul, seguido por Caio, aproximou-se de um caixote de carga que atingia o teto. Apalpou a madeira até encontrar um botão camuflado. Ao apertá-lo, abriu-se um orifício de vidro com uma luz vermelha piscando. Miul aproximou-se e encostou o seu olho esquerdo na abertura. A luz escaneou sua pupila para confirmar a sua identificação. De repente, o caixote se abriu revelando o seu interior. Um elevador, no qual os dois entraram e desceram em grande velocidade. Já no subsolo, abriram-se as portas e Caio ficou impressionado com o que viu. Uma área enorme, com muitos soldados trabalhando em diversas atividades. Alguns treinavam tiros com armas a laser. Estavam aperfeiçoando a mira para acertarem objetos bem pequenos a longa distância. Algumas garotas estavam simulando um combate, enquanto outras faziam exercícios de concentração. Miul mostrou as instalações. Ele levou o amigo curioso para uma sala onde várias pessoas trabalhavam com computadores ligados a uma projeção holográfica em 3D numa tela transparente situada no meio da sala. Naquele momento a tela mostrava um enorme mapa mundial que marcava a localização de agentes em suas missões. Caio se divertia, atravessando aquela tela, atrapalhando os observadores. Ao lado dessa sala, havia um laboratório onde Caio encontrou equipamentos de espionagem miniaturizados que incluíam escutas em forma de um simples botão de camisa e aparelhos fotográficos em forma de unha. Havia também um carro preto esportivo sendo testado. Um veículo em que, ao se sentar, os cintos de segurança eram colocados automaticamente. Possuía ainda um piloto computadorizado, que controlava as altas velocidades e as manobras para evitar que a lataria se arranhasse ou que o ocupante sofresse algum acidente.

– Não tem graça esse carro – criticou Caio.

– Não é para ser engraçado – contrariou Miul Karas. – Estamos cansados de perder agentes supertreinados em acidentes. Não é possível salvar o mundo colocando vidas de inocentes em perigo.

– Mas, um computador! Se foram supertreinados deveriam, ao menos, saber dirigir bem.

– Isso é o que pensávamos. Tínhamos um agente excelente, mas que, na hora de fugir dos perseguidores, sempre destruía os carros.

– O que aconteceu com ele? Morreu?

– Não! Nós o demitimos e eu soube que ele arranjou um emprego em Hollywood. – Miul Karas foi até o carro e lhe deu um tapinha. – O pessoal já garantiu que vou ganhar um também. A Central tem reclamado muito do valor das minhas multas...

Depois da excursão os dois foram para uma sala grande. Havia um quadro branco pendurado na parede e uma mesa oval de reuniões com algumas cadeiras giratórias de estofado vermelho. Em cima da mesa com vários óculos escuros e uma pasta cuja capa estava escrito: OPERAÇÃO **E.A.T.** contra FRAÇÕES.

Intrigado, Caio pegou a pasta e começou a ler. Era um relatório com detalhes sobre a missão de uma equipe secreta denominada **E.A.T.** (Equipe de Apoio à Tentação). Pelas informações que leu, as frações eram realmente difíceis de engolir. Elas gostavam de seguir regras rigorosas para ensinar, principalmente crianças, a repartir tudo irmãmente. Qualquer coisa, principalmente chocolates e pizzas. Com isso, a organização queria tornar as pessoas em cidadãos bem-comportados. Desse modo, seriam mais controlados.

Caio já conhecia as frações e não gostava nem um pouco delas porque eram a causa da sua nota baixa na sua última prova de matemática.

Depois de ler o relatório, Caio refletiu e lembrou que ninguém sabia ainda que ele não era o verdadeiro agente. Se ele alertasse o pessoal para o engano, certamente, dariam um jeito de fazê-lo esquecer tudo o que viu e o mandariam para longe dali. Deixaria de participar daquela missão como agente secreto. Provavelmente, perderia uma aventura das mais incríveis, com mais perseguições, lutas contra vilões e perigos extremos. Pura adrenalina! Caio pensou e decidiu: assumiria o papel de agente X.

Tocou uma campainha. Miul Karasxatas, que todo esse tempo preparava o material para apresentação, dirigiu-se até o painel da mesa e tocou numa tela, acionando uma porta secreta atrás do quadro branco. Apareceram uma garota e um rapaz. Miul Karas fez as apresentações:

– Esta é Ene Encrencs, encarregada da segurança, e este é o professor Sabestuds.

A garota ruiva usava uma trança, vestia uma roupa de camuflagem do exército e botas de cano longo.

O professor estava de jaleco azul e com uns óculos pequenos e redondos. Seus cabelos azuis estavam penteados todos para cima. Caio ficou impressionado com a quantidade de pastas que ele carregava.

Todos se sentaram em volta da mesa. Sabestuds distribuiu uns folhetos e fez um sinal para Miul Karas.

Miul acionou uma sequência de botões no painel. Fecharam-se todas as portas, apareceu novamente o quadro branco e apagaram-se as luzes.

– Por favor, coloquem os óculos! – sugeriu Sabestuds.

O professor começou a descrever os integrantes das frações que apareciam nas projeções.

– Estes são os lideres da organização fração, **CODINOME: NUMERADORES.** São os que ocupam o posto mais alto nas divisões de trabalho em cada fração.

O pessoal adorou ver as imagens em três dimensões com a ajuda dos óculos com lentes especiais conectado à internet de segurança máxima da organização.

NUMERADORES

$$\frac{2}{17} < \frac{3}{17} < \frac{5}{17} < \frac{7}{17} < \frac{9}{17} \leftarrow$$

O professor pediu para passar a projeção seguinte:

– **CODINOME: DENOMINADORES**, componentes que, mesmo ficando abaixo dos Numeradores na hierarquia da divisão, executam um trabalho muito arriscado. Quanto maiores os seus valores em cada FRAÇÃO menos quantidade é distribuída nos resultados.

$$\frac{3}{11} > \frac{3}{12} > \frac{3}{15} > \frac{3}{23} > \frac{3}{34}$$

DENOMINADORES: → 11

– As frações podem cortar uma barra de chocolate, por exemplo, e reparti-la em 2 partes iguais.

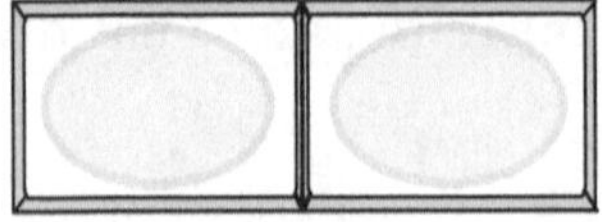

Veja como fica uma barra cortada em 4 pedaços:

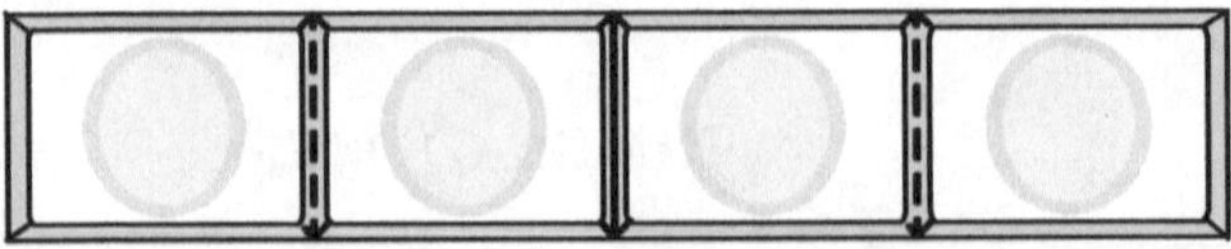

Agora, cortada em 10:

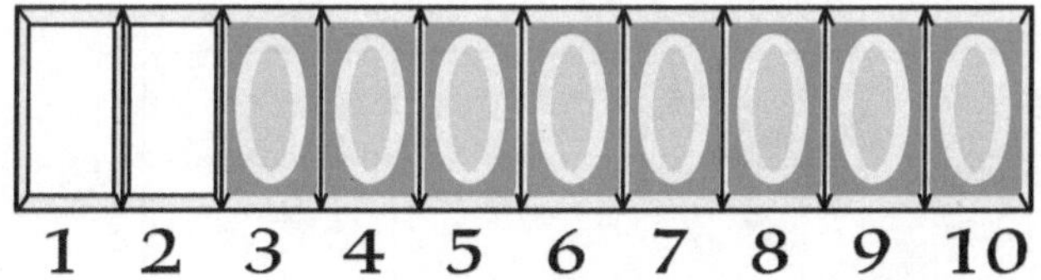

Se dois pedaços forem devorados em 10 pedacinhos cortados de uma barra de chocolate, a fração é representada dessa forma:

$$\frac{NUMERADOR}{DENOMINADOR} \qquad \frac{2}{10}$$

Deu para sentir que as FRAÇÕES gostam mesmo é de dividir igualmente para que nunca haja brigas entre irmãos. Sem brigas, serão sempre comportados. Para conseguir efetuar esse plano, as frações espalham-se por todos os cantos do mundo. São, na verdade, INFINITAS. Cada uma com um NUMERADOR E UM DENOMINADOR – concluiu Sabestuds. – Agora, observem os tipos de frações que podemos encontrar no nosso...

Crunch! Crunch!

– Que barulho é esse? – indagou Sabestuds, procurando descobrir.

Caio e os outros estavam comendo o chocolate que Miul Karas conseguiu pegar escondido. Ene olhou para o professor, estendeu o braço e ofereceu:

– Tá servido?

– Assim não dá para trabalhar, pessoal! – Sabestuds olhou aquele pequeno pedacinho do doce na mão de Ene e reclamou. – Só sobrou isso!

Sabestuds continuou a explicação mesmo com aquele pessoal, inclusive ele, lambendo os dedos.

TIPOS DE FRAÇÕES

PRÓPRIA

– Sem disfarces. A legítima fração.

O NUMERADOR, mesmo ocupando um alto posto, tem **MENOR VALOR** QUE O DENOMINADOR.

Ex: $\frac{5}{6}$ $\frac{8}{15}$ $\frac{4}{9}$

IMPRÓPRIA

O numerador é inteiro disfarçado de FRAÇÃO, mas NÃO tem divisão exata. **Uma parte fica inteira e outra, fracionada.**

Ex: $\frac{5}{4}$ $\frac{7}{3}$ $\frac{200}{13}$

Miul Karas levantou o dedo e perguntou:

– Como fica a representação dessas impróprias? Já desvendaram esse mistério?

– Sim, Karasxatas! Veja **5/4**, por exemplo:

Sabestuds pediu para acender a luz e mostrou a resposta.

– OK! Agora é a minha vez – a mocinha da equipe se levantou e questionou. – E a fração 9/1 é de que tipo?

APARENTE

NÚMEROS INTEIROS DISFARÇADOS DE FRAÇÃO.

Ex: $\frac{16}{4}$ $\frac{32}{8}$ $\frac{20}{5}$

– Vejam! – exclamou Miul Karaxatas, apontando para o quadro. – Em todos os exemplos, as frações representam o número 4. Que disfarce! – Miul estava agora preocupado. – Elas são muito boas em seu trabalho e são infinitas. Temos que colocar alguém dentro da organização FRAÇÃO. Só dessa forma descobriremos um ponto fraco, não acham?

O professor pegou uma pasta vermelha e informou:

– Há poucos dias, nossos espiões descobriram que a organização fração possui um esquema. Ela sequestra pessoas que se recusam a aprender a repartir para darem uma lição nelas em um local secreto chamado **C.I.A.** (Comando Irritante do Apetite).

– Já sei como fazer! – Caio levantou-se. – Sigam-me!

– Para onde, agente X? – perguntou Ene Encrencs.

– Para um restaurante.

– Restaurante? Mas e a missão? – Miul estava espantado. – Eu nem estou com fome!

– Confiem em mim. Mas, antes de ir para o restaurante, quero dar uma passada no laboratório.

Ene Encrencs chegou perto de Caio.

– A propósito, agente X – disse ela num tom muito sensual –, como devemos chamá-lo? Afinal, agente X é muito chato, não acha?

– Pode me chamar de *Bombs. Caio Bombs.* Vamos!

Sempre que Caio ia a um restaurante com sua família se aborrecia. A comida era boa, mas o atendimento era chato. Sempre que ele se preparava para avançar na mesa, aparecia um garçom para repartir igualmente os pratos. Certamente, esse era um dos lugares favoritos daquela organização para operar.

Seu palpite estava certo. Caio e sua equipe chegaram na hora em que as frações estavam em ação em várias mesas, operando em algumas pizzas.

Na primeira mesa estava sentado um casal, para o qual o garçom repartiu o prato em duas partes.

Na segunda, havia dois homens que tiveram seu prato repartido em quatro partes, sendo que cada um pegou dois pedaços.

Na terceira, duas mulheres comiam oito pedaços cortados irmãmente, ficando quatro pedaços pra cada uma, como se a pizza fosse um aperitivo.

– Esses pedaços de pizzas que representam, na verdade, quantidades iguais, são o que chamamos de **frações equivalentes** – demonstrou Sabestuds.

Reparem:

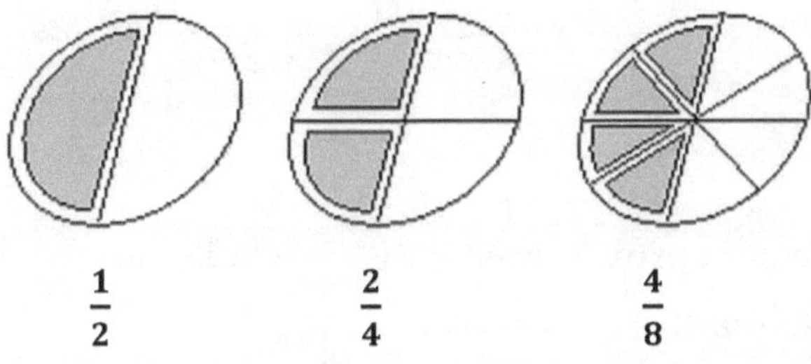

– Se continuarem repartindo em pedaços cada vez menores, daqui a pouco serão pedaços microscópicos – imaginou Encrencs.

– Mas é isso que as frações mais gostam de fazer.

DIVIDIR:

$$\frac{4}{8} \xrightarrow{:4} \frac{1}{2} \quad ou \quad \frac{2}{4} \xrightarrow{:2} \frac{1}{2}$$

– Elas também podem fazer o inverso. Crescer e crescer – mostrou Sabestuds:

BASTA MULTIPLICAR NUMERADOR E DENOMINADOR PELO MESMO VALOR

$$\frac{1}{2} \xrightarrow[\times 2]{\times 2} \frac{2}{4} \xrightarrow[\times 2]{\times 2} \frac{4}{8}$$

O professor aproximou-se de Caio e indagou:

– Afinal, Bombs, qual é o seu plano?

– É simples, Sabestuds! Fiquem aqui! Vou entrar em ação e quando eu der o sinal ajudem-me. Guarde isso aqui no seu bolso.

Caio foi em direção aos clientes. Tranquilamente, com as mãos no bolso e até assobiando, circulando perto das mesas e deixando os garçons intrigados, parou na frente de uma das mesas. De repente, ele avançou em cima do prato aperitivo das duas mulheres, devorando-o feito um selvagem e gritando de boca cheia:

– É meu! É tuuudo meu! Me dá mais esse pedaço aqui, dona! Me dá logo!

Caio arrancou a pizza da mão da cliente, colocou na boca de um jeito que uma parte ficou ainda para fora, sujando-se de molho.

Os clientes ficaram apavorados e os garçons tentaram, de todas as maneiras, segurar aquele bárbaro. Caio reclamou:

– Ah! Essa não! Pessoal, ajudem-me!

A equipe EAT foi logo ao seu socorro.

Aconteceu uma briga daquelas: cadeiras voaram, um garçom quase acertou uma direita em Caio, Ene Encrencs jogou uma das mulheres pela janela, um freguês tentou acertar Sabestuds com uma garrafa, mas acabou acertando outro garçom. Karas se abaixou para não levar a sobremesa na cara e Encrencs levou no seu lugar...

– Agora vamos SIMPLIFICAR as suas vidas – disse um garçom com longos bigodes, ao agarrar Caio pelas costas.

Simplificar era, na verdade, ir dividindo a FRAÇÃO, tanto o numerador quanto o denominador, pelo mesmo número sem deixar resto. De modo que a última divisão só fosse possível pelo número **1**.

Para se ter uma ideia, imagine a fração $\frac{48}{72}$ como exemplo:

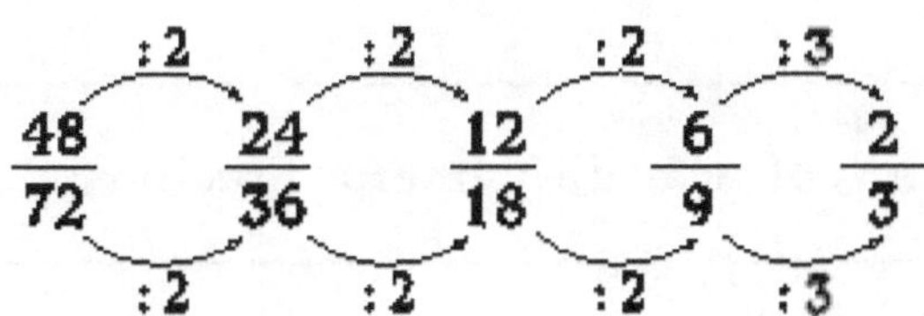

A esta última FRAÇÃO, pois não há mais nenhum número que os divida ao mesmo tempo a não ser o número 1, denominamos fração na FORMA IRREDUTÍVEL.

Foram chamados alguns seguranças uniformizados, usando insígnias com a sigla CIA. O oficial encarregado assumiu o controle. Mandou seus homens prenderem Caio e levarem-no para o carro.

Dentro do carro, o oficial olhou cinicamente para o encrenqueiro e discursou:

– Agora que você está preso, vamos levá-lo para um lugar onde aprenderá a ter mais modos e a ser menos egoísta. Você vai ter lições de boas maneiras, rapaz.

O carro saiu em disparada com as sirenes acionadas.

Os três da equipe EAT já se encontravam fora do restaurante e ficaram observando o carro se distanciar.

– Vamos atrás deles.

– Não, Ene! Estragaríamos tudo se os seguíssemos. Bombs precisa infiltrar-se na CIA, sem que desconfiem da encenação. Ele atuou tão bem!

– Mas e se Bombs precisar da nossa ajuda, professor?

Nesse momento, o professor tirou do bolso o objeto que Caio havia pedido para guardar e mostrou para os dois.

Miul Karas reconheceu o aparelho e vibrou:

– Sabia! Eu sabia que ele era esperto. Ele pegou no laboratório um sinalizador.

Adição e Subtração de Números Fracionais

Durante uma longa viagem de helicóptero, Caio descobriu que estavam indo para uma pequena ilha na Indonésia perto do estreito de Sonda. Ele observou que, atrás dos outros prisioneiros que estavam a bordo, havia enormes caixas.

– Pra que são essas caixas? – perguntou Caio a um dos seguranças.

– Ah, essas caixas! Estamos levando esses fogos de artifício à nossa ilha para a celebração do casamento de um herdeiro do trono daqui a alguns dias. Haverá, em toda essa região, uma grande festa e para não levantarmos suspeitas, vamos participar.

– Atenção! – alertou o piloto: – Dentro de poucos minutos, estaremos chegando ao QG da fração: a CIA.

Os prisioneiros foram levados para o departamento de triagem para serem completamente revistados. Caio tentou impedir que revistassem seus óculos escuros que havia ganhado na EAT. O pessoal verificou o objeto minuciosamente, mas o consideraram inofensivo, pois não havia como os óculos serem conectados naquele local de segurança máxima. Em seguida, foram encaminhados diretamente para uma sala com carteiras, material escolar e um quadro negro. Os novos alunos foram ordenados pelos seguranças a tomarem seus lugares.

Depois de duas horas de espera, apareceram dois homens vestidos com jalecos brancos. Um deles se apresentou como o professor Denominador e o outro como o diretor Numerador.

Como todos estavam atrasados para o início da aula, Denominador foi logo esclarecendo:

– Vocês já foram apresentados às FRAÇÕES EQUIVALENTES. Agora quero apresentar a vocês todas as operações das frações.

– Não queremos! – Caio estava reagindo como o pior aluno do seu colégio. Estava com um ar debochado mastigando um chiclete. – Quem vocês pensam que são? Quero sair daqui!

– Cale-se! – gritou o Numerador. – Qual é o seu nome, rapazinho?

– Meu nome é Bombs. Caio Bombs!

– Muito bem, senhor Bombs. Então, escute! – o Numerador não estava para brincadeiras e, num tom agressivo, repreendeu o falso Agente X. – Se quiser sair daqui, terá de aprender como operam as FRAÇÕES, senão leva bomba, entendeu?

Caio levantou devagar as mãos, como se estivesse se rendendo ao inimigo.

– Então, vamos iniciar – completou o Denominador. – Tenho aqui, escrito no quadro: 1/5 e 2/5. Vocês saberiam somar essas frações? Saberiam subtraí-las? Saberiam fazer algum tipo de operação?

Os prisioneiros agora estavam tentando cooperar naquele interrogatório, principalmente depois de darem uma olhada no Numerador que mais parecia um carrasco esperando a hora de executar um deles. Sem mais perda de tempo, o tal professor prosseguiu com a explicação sobre como funcionava a adição de frações.

– Para somar frações com denominadores iguais, basta somar os numeradores. Vejam:

1/5 + 2/5 = 3/5

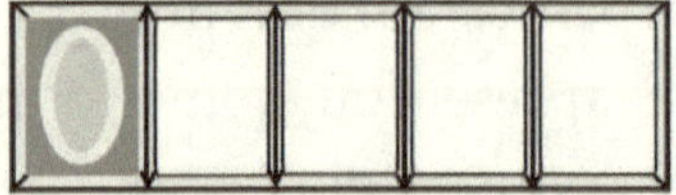

$$\frac{1}{5} + \frac{2}{5} = \frac{3}{5}$$

Denominador parecia um professor experiente para aqueles alunos. Ele perguntou para a turma:

– Agora, caros rapazes, saberiam somar 1/2 com 2/3?

– São denominadores diferentes! – disse um prisioneiro da primeira fila.

– Exato! E por esse desenho:

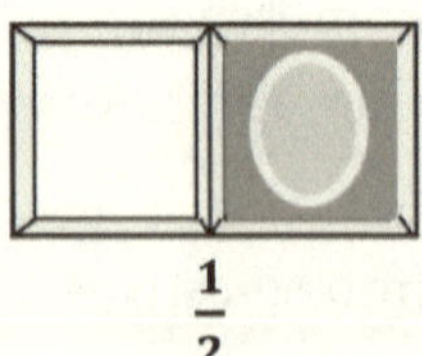

$\frac{1}{2}$

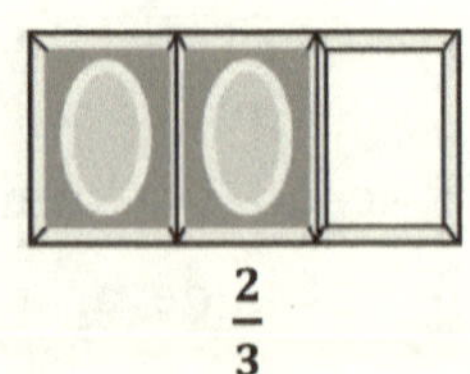

$\frac{2}{3}$

"Vocês só conseguem comparar e descobrir quem tem o maior tamanho. Não dá para somar esses tamanhos diferentes como no outro exemplo, porque eles possuem denominadores diferentes, mas existe um jeitinho de solucionar o problema.Voltemos às frações:

"Temos que fazer com que as duas frações com denominadores diferentes tenham O MESMO DENOMINADOR, afinal somar ou subtrair frações com o mesmo denominador até vocês saberiam operar."

Denominador ficou dominado pela raiva ao ver que os prisioneiros estavam cochilando e deu início a um interrogatório torturante:

– Qual o número comum de 2 e 3? – continuou, agora gritando. – Qual o menor número que está na tabuada de 2 e 3 ao mesmo tempo? Qual o Menor Múltiplo Comum entre eles?

Ao ver que seu método de ensino não estava surtindo efeito, Denominador mudou de estratégia. Subiu em cima de uma das carteiras e imitou um apresentador de TV com um microfone invisível:

"Estamos apresentando"
A adição e a subtração dos números racionais.
Um oferecimento da Matemágica.

PAUSA PARA OS COMERCIAIS
Leve 2 e pague 1!

<u>Números Racionais Absolutos</u>

O CONJUNTO DESSES NÚMEROS
É REPRESENTADO POR Q+
O CONJUNTO IN, dos Naturais:
ESTÁ CONTIDO NESSE CONJUNTO Q+
IN ⊂ Q+

Voltamos a assistir ao nosso capítulo:
Missão Absolutamente Impossível
"O CASO ENTRE o denominador 2 e o 3"

Na mesma hora, os alunos ficaram bem animados e atentos à explicação do Denominador:

– 2 e 3 são primos entre si. Pela regra do M.M.C., basta multiplicá-los. O M.M.C, então, é igual a 6. Pedindo ajuda à fração EQUIVALENTE, teremos que multiplicar o numerador pelo MESMO número que multiplicaremos no denominador, mas com o cuidado de que o resultado do produto no denominador seja igual a 6.

"Deste jeito:

$\frac{1}{2}$ e $\frac{2}{3}$ $\quad\quad$ $\frac{1}{2}$ x $\frac{3}{3}$ e $\frac{2}{3}$ x $\frac{2}{2}$

Resultado: $\frac{3}{6}$ e $\frac{4}{6}$

"E agora? Vocês descobrirão:

1) Qual dos dois é maior?

2) A soma $\frac{3}{6} + \frac{4}{6}$ é...

3) A diferença $\frac{4}{6} - \frac{3}{6}$ é...

Toda vez que as frações forem de denominadores diferentes, devemos deixá-las com DENOMINADORES IGUAIS para facilitar nossa vida, usando o famoso **MMC**.

Ao término dessa primeira aula, os prisioneiros foram levados para descansar.

Pela manhã, depois de uma noite bem dormida, o pessoal foi para o pátio. Um treinador que usava um microfone deu uma sequencia de exercícios com muita animação, mas de poucos efeitos sobre a turma:

1) $\frac{5}{8} + \frac{1}{6} =$

3) $1 - \frac{19}{24} =$

2) $\frac{3}{2} + \frac{5}{9} - \frac{5}{6} =$

4) $\frac{2}{3} + \frac{3}{6} + 9 =$

– Vamos queimar essas gordurinhas mentais, pessoal!

Após a ginástica matinal, o grupo foi levado ao refeitório para tomar o café da manhã. O lanche era uma tal de...

FORMA MISTA

– Isso é algum tipo de comida? – gritou um prisioneiro na frente de Caio.

– *Sim!* – respondeu um dos atendentes na frente de um balcão. – *Forma mista é um misto quente de FRAÇÃO*! Uma parte inteira somada com outra fracionada.

O atendente serviu o misto e ressaltou:

> – A forma mista é um preparo da falsa fração:
> **A IMPRÓPRIA.**

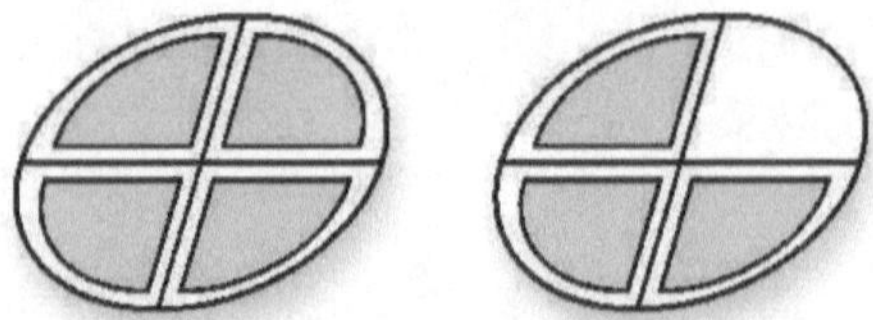

$$\frac{7}{4} = \frac{4}{4} + \frac{3}{4} = 1 + \frac{3}{4} \text{ ou } 1\,\frac{3}{4}$$

(Um pedaço inteiro + uma fração)

$$\frac{8}{3} = \frac{6}{3} + \frac{2}{3} \text{ ou } 2 + \frac{2}{3} \text{ ou } 2\,\frac{2}{3}$$

Um prisioneiro magrinho perto de Caio, depois de provar a forma mista, comentou:

– Até que essa gororoba aqui da prisão é gostosa. Dá pra repetir?

Por um breve momento, o refeitório tremeu. Foi o suficiente para tudo cair no chão, mas ninguém se machucou. A sala ficou muito quente, mesmo com o ar condicionado funcionando.

– Esse é o quinto tremor de hoje – comentou o atendente.

Quando Caio e os outros foram para a fila de saída, um prisioneiro mais antigo entregou discretamente um guardanapo dobrado para Caio. Nele estava escrito:

Atenção:

Não confundir a multiplicação

$$2 \times \frac{2}{3} = \frac{4}{3}$$

com a forma mista de

$$2\,\frac{2}{3} = \frac{6}{3} + \frac{2}{3} = \frac{8}{3}$$

Vocês poderão passar mal na hora de fazer exercícios.

PS: Nem tentem fugir daqui.

É IMPOSSÍVEL!

MULTIPLICAÇÃO E DIVISÃO

Novamente na sala de interrogatórios, com o incansável Denominador e com Caio ainda mascando chiclete, deu-se prosseguimento a aula do dia anterior:

– Agora que já provaram a forma mista, veremos essas novas operações da FRAÇÃO: a multiplicação e a divisão.

– Pode falar, professor domador? – debochou um dos alunos.

– Obrigado, senhor animal! – rebateu o professor. – Continuando... Quando vocês multiplicam 4 x 5, estão, na verdade, multiplicando:

$\frac{4}{1} \times \frac{5}{1}$ FRAÇÕES APARENTES

"Logo, a multiplicação de frações é bem simples:

$$\frac{4}{8} \times \frac{6}{7} = \frac{24}{56}$$

"SÓ NÃO SE ESQUEÇAM de deixá-las na FORMA IRREDUTÍVEL.

$$\frac{24}{56} \div \frac{8}{8} = \frac{3}{7}$$

Por favor, anotem em seus cadernos, rapazes:

Atenção: o M.D.C. serve para achar o número que devemos dividir tanto o numerador como o denominador para chegarmos à FRAÇÃO IRREDUTÍVEL.
No exemplo acima, o M.D.C. de 24 e 56 é igual a 8 "

– E NA DIVISÃO? – perguntou Caio que estava quieto demais.
– Use a intuição:

$\frac{4}{1} \div \frac{2}{1} = \frac{4}{1} \times \frac{1}{2} = \frac{4}{2}$ na forma irredutível = 2

"Ou seja:

NA DIVISÃO, BASTA INVERTER E MULTIPLICAR A SEGUNDA FRAÇÃO.

Ex: $\frac{4}{6} \div \frac{9}{5} = \frac{4}{6} \times \frac{5}{9} = \frac{20}{54} = \frac{10}{27}$

"Acabamos com as operações... Opa! Será? Vamos experimentar dois casos:

"Caso Nº 1

Quanto dá $\frac{1}{2}$ de $\frac{1}{3}$?

"Ou seja, a metade de 1/3 ?

$\frac{1}{2}$ de $\frac{1}{3}$ é igual a $\frac{1}{2} \times \frac{1}{3}$

"Para sabermos quanto vale 1/2 de 5/3 ou 4/3 de 5/6, basta substituir o "de" pelo sinal de multiplicação.

"Caso nº 2

Uma FRAÇÃO de $\frac{3}{5}$ equivale a um valor como 420 metros.

Essa fração pode estar representando, por exemplo, que estamos numa estrada e percorremos três quintos dela. Nesse caso, esse pedaço percorrido é igual a 420 metros.

"Para calcular o *TOTAL DESTA CAMINHADA temos que:*

"**1**) *Saber* quanto vale 1/5 dessa estrada.

Se 3/5 é igual 3 x 1/5, então, basta dividir por 3 para descobrir 1/5

420 : 3 = 140 metros

"**2**) Seguir esses passos para calcular a caminhada inteira.

5/5 é igual 5 x 1 /5

Se 1/5 = 140

Então, o total da caminhada é:

140 x 5 = 700 metros."

Potenciação e Radiciação de Números Racionais

O Denominador já encerrava sua aula.

– Para terminar, vamos mostrar como fica uma FRAÇÃO elevada a um expoente. Esta operação será apresentada pelo próprio diretor.

Nesse momento, o professor deu uma pausa e chamou o Numerador, que estava fora da sala esperando. O diretor assumiu a aula.

– Muito bem, rapazes! Vamos ver, agora, como se comporta uma fração em toda a sua plenitude. Uma fração multiplicada por ela mesma. Ou seja: a potenciação em um número racional absoluto. Como podem observar, basta vocês operarem da maneira convencional. Vejam os seguintes exemplos:

$$\left(\frac{2}{9}\right)^2 = \frac{2}{9} \text{ x } \frac{2}{9} = \frac{4}{81}$$

$$\left(\frac{32}{345}\right)^0 = 1$$

$$\left(\frac{3}{2}\right)^3 = \frac{3}{2} \times \frac{3}{2} \times \frac{3}{2} = \frac{27}{8}$$

– Muito bem! – exclamou o diretor. – Passemos para a execução da operação inversa da potenciação, a radiciação. Vocês só precisam verificar, nos casos a seguir, quem está dentro de uma raiz: o denominador, o numerador ou ambos. E executar a extração da raiz. Ah! Eu adoro essas palavras: executar e extração...

Caio estourou uma bola de chiclete e aproveitou a explicação do próprio Numerador para provocá-lo.

– Que tal ambos ficarem dentro da raiz e executarmos a extração de vocês do planeta, diretor?

– Um aviso para vocês. Se não se comportarem, ficarão presos aqui, como nessa raiz, num lugar bem apertado... A solitária! – o Numerador foi até o rebelde e gritou: – E pare com esse maldito chiclete!

Caio engoliu o chiclete com muita dificuldade.

O Numerador continuou a bronca:

– Se quiserem acabar com as aulas teóricas, basta verificarem essas radiciações antes QUE EU OS EXECUTE!

$$\sqrt{\frac{25}{64}} = \frac{5}{8} \quad \text{e} \quad \sqrt[3]{\frac{8}{27}} = \frac{2}{3}$$

$$\frac{\sqrt{25}}{64} = \frac{5}{64} \quad \text{e} \quad \frac{16}{\sqrt{49}} = \frac{16}{7}$$

O Numerador terminou e pediu que o professor voltasse antes que ele se arrependesse e mandasse todos para um buraco sem fundo, uma dízima periódica. Um aluno atrás de Caio ficou aliviado porque ainda não veriam essa matéria e conversou:

– Ufa! Até que enfim. Sobrevivemos a essa aula. Mas, e agora, o que farão conosco?

Depois dessa última lição, Denominador acreditou que as aulas tinham sido suficientes para disciplinar o pessoal e expôs qual seria o destino que estava reservado para aqueles rapazes:

– Muito bem, pessoal, agora queremos testar sua fidelidade.

Cada um de vocês será encarregado de uma missão para vermos se realmente poderemos usá-los para aumentar o controle da nossa organização sobre o mundo. Caso contrário, seremos obrigados a enviá-los para a sala de recuperação. Começaremos pelo senhor...

O Denominador olhou ao redor. Todos estavam sentados e tremendo, exceto o agente da EAT. O terrível professor ficou de frente para Caio e o encarou:

– Você, Bombs, foi o aluno mais difícil de doutrinar desta turma. Vamos ver se realmente você aprendeu. Venha comigo!

Caio se levantou, foi até a mesa do professor onde viu um envelope escrito: *"Secreto! Demais secreto!"* Denominador abriu sem cerimônia na frente de todos.

– Sua missão, Caio, será de ajudar a FRAÇÃO contra o terrorista que está colocando nossa organização em perigo, Al Egoist.

– O que ele fez, senhor? – perguntou um dos alunos.

– Ele espalhou uma substância química em vários lugares do mundo. Esse agente químico é capaz de fazer um objeto qualquer ou um alimento ficar irresistível de tal forma que a pessoa não queira mais repartir.

– É inimigo! – respondeu Caio num tom meio irônico. – Ah, deixa comigo! Onde ele está? Onde?

– Nós o prendemos há alguns dias e o levamos para o pátio. Você irá vê-lo agora.

– Trabalham rápido! Gostei! E o que devo fazer? Quero ajudar a reparti-lo.

– Você terá sua chance. Afinal, deverá provar que agora é um de nós; terá de eliminá-lo com suas próprias mãos. Vamos até o pátio, Al Egoist está lá esperando a execução.

Sem esperar uma resposta de Caio, Denominador o levou cercado por seguranças até a área onde um pelotão de fuzilamento os aguardava. Chegando lá, Caio viu um homem gordinho e baixinho com as mãos amarradas nas costas que, muito assustado, olhava em direção ao pelotão já em posição.

1) De um lado, o agente verificou que 2/ 3 dos seguranças estavam ali. Desses seguranças, 3 / 4 estavam armados. Qual a FRAÇÃO dos seguranças que estavam armados?

2) Ele pensou em fugir levando o terrorista. Afinal, no pátio estavam os veículos, dos quais 1/8 deles eram motos, 3/4 eram carros e sobravam dois helicópteros. Quantas motos havia para que ele escolhesse e tentasse fugir?

– Tome essa arma! – disse o Denominador, entregando um objeto ao aluno. – Apague logo esse bandido!

– O quê! – surpreendeu-se Caio. – Mas isso é um apagador!

– E de que maneira você pensou que fosse apagar esse problema? E vou logo avisando: nada de gracinha porque você terá uma única chance de acabar com Al Egoist. Se errar, você é quem vai se dar mal. – O Denominador fez um sinal com a mão e, num relance, Caio ouviu as armas dos guardas sendo destravadas.

– Que maluquice é essa? – enfrentou Caio. – Como é que eu vou fazer isso?

– Ora, rapaz. Basta mirar e apertar o botão camuflado. Que falta de imaginação! – irritou-se o professor. – Termina logo com o seu dever.

3) Caio notou alguns tanques de combustível. Eles estavam a 3/4 de distância da metade do percurso que ele e os seguranças tinham feito, e o percurso era de 240 metros. Será que ele estava numa distância segura, caso esses tanques explodissem? Qual era a distância?

Sem qualquer dúvida, Caio ergueu o braço com o apagador e, friamente, mirou a arma para o condenado, que estava com uma expressão de súplica. No momento em que Al Egoist encomendava sua alma a Deus, Caio desviou o apagador e soprou o pó de giz nos guardas. Fora de ação, os guardas não puderam mais deter o rebelde.

4) Aproveitando a confusão, Caio desamarrou o ex-condenado e fez sinal para que o seguisse. Ele pensou em pegar uma moto, mas lembrou de que não tinha carteira de motorista. Al Egoist contou ser um ótimo piloto e, então, decidiram correr para um dos helicópteros. Ao se sentarem em frente ao painel de controle, Caio comentou que havia 2/5 de combustível de um total de 340 litros. Como o terrorista nunca fora às aulas, indagou assustado: "Isso é muito? Quanto?"

O terrorista, ainda apavorado, alertou que havia outro problema: era preciso decolar o mais rápido possível, pois aquela ilha era Krakatoa [2], famosa por ter explodido, em 1883, com a erupção do vulcão Perbuatam. Depois desse evento, a ilha ficou parcialmente destruída e tornou-se instável. Caio lembrou dos tremores e do chão quente no refeitório. Agora fazia sentido. Eram sinais de que uma nova erupção estava prestes a acontecer.

5) Al Egoist, impressionado, relatou:

– Eu soube que a ilha perdeu 1/5 de sua área, 3/4 do que sobrou ficou desabitada e restam apenas 15 quilômetros quadrados de área habitada. Qual seria a área original da ilha? Será que a explosão foi mesmo tão forte? Soube que naquela ocasião morreram mais de 36 mil pessoas.

6) Pouco tempo depois, eles perceberam que estavam sendo seguidos por outro helicóptero. Os perseguidores tentavam, de todas as maneiras, abatê-los. Estava a uma distância de 2/3 do percurso. Quanto seria essa distância, sabendo que 1/8 desse percurso valia 57 metros?

7) Depois de usarem todas as manobras possíveis e impossíveis para despistá-los, a nave dos dois fugitivos foi atingida e começou a perder altitude. Caio verificou que já haviam usado 1/4 do combustível que ele calculara no início do voo, e do que sobrou agora estava vazando 1/3. Sabendo que com um litro eles conseguiam voar seis quilômetros, quanto eles poderiam ainda percorrer até o momento fatal?

O terrorista gritou desesperado:

– Vamos bater! Vamos Bater no vulcão! Vamos morrer!

8) O helicóptero estava perto do vulcão, a ponto de quase caírem dentro dele. Caio teve a ideia de jogar aquelas caixas para fora da nave. A primeira correspondia a 1/6 do peso total do helicóptero e a segunda, a terça parte da primeira. Eles com a

nave pesavam por volta de 1800 quilos. Quanto pesava cada uma das caixas? Será que eles conseguirão? Será que o terrorista vai parar de aterrorizar? Não perca a próxima questão.

Eles escaparam, mas como as caixas estavam cheias de fogos de artifício, o vulcão virou um show pirotécnico, formando desenhos de coroas e corações.

– Só mesmo um agente secreto, para avisar de uma forma tão discreta! – ironizou Miul Karas, pilotando um helicóptero turbinado.

Era o sinal que a equipe EAT precisava para entrar em ação. Todo esse tempo, eles estavam seguindo Caio com a ajuda do sinalizador que ele levara.

Durante a revista dos seus pertences, Caio enganou o pessoal da triagem fazendo-os acreditar que seus óculos escuros eram muito importantes para ele. Enquanto eles estavam inspecionando o objeto, ele passou despercebido com o chiclete.

Há algum tempo, a equipe havia perdido o seu sinal. Talvez pelo fato de o agente X ter sido obrigado a engolir seu sinalizador.

Dentro do helicóptero, Sabestuds informou:

– Faremos contato visual com Bombs daqui a três quartos de hora.

– Quantos minutos? – perguntou Ene Encrencs.

Ao chegarem perto de uma praia, Al Egoist perdeu o controle da nave e foi obrigado a fazer uma aterrissagem forçada, que, felizmente, foi bem sucedida.

Caio ficou procurando a equipe para resgatá-los. Pegou um mapa e tentou calcular a sua posição:

9) Cada centímetro do mapa equivale a fração mista

5 1/4 quilômetros... E como nós estamos a 24 centímetros do comando da CIA., então, qual será a nossa real distância? Será que estamos seguros?

Egoist, que estava em prantos ajoelhado na areia, enfureceu-se:

– Mas é claro que não, seu idiota! Será que você esqueceu do vulcão? Isso tudo vai explodir!

Passados alguns minutos, Caio avistou o resgate da EAT. Al Egoist avistou a escada de cordas jogada pelo helicóptero e logo se levantou para subir primeiro. Chegou a empurrar Caio, que tropeçou machucando a perna.

A nave da Fração estava novamente os perseguindo. Caio, que naquele momento subia as escadas, perdeu o equilíbrio e caiu. Mas, durante a queda, ele arrancou o tênis, começou a rodopiá-lo pelo cadarço e o arremessou, acertando em cheio a hélice do helicóptero, que, subitamente travada, foi perdendo altitude até chocar-se contra a água.

Caio sofria com a queda livre de uma altura inimaginável, mas, por incrível sorte, não foi fatal. A areia fofa amortecera sua aterrissagem. Ele tentou se mexer, mas ainda encontrava-se muito atordoado.

– Bombs! – gritou Encrencs da nave. – Temos que socorrê-lo!

– Não podemos! O tempo acabou – avisou Miul Karas. – A ilha vai explodir. Veja!

O vulcão soltava muita fumaça negra e a ilha tremia. A equipe não teve outra escolha, a não ser, fugir o mais rápido que pudesse.

Houve uma grande explosão e a ilha começou a lançar grandes jatos de lavas para todos os cantos. Doutor Sabestuds procurou algum vestígio de onde estaria Caio. Com a voz embargada fez a triste dedução.

– Depois disso... Não há dúvida... Caio... Caio foi para o Espaço.

Todos ficaram muito chocados com a ideia de terem perdido aquele agente tão destemido.

– Vejam! – gritou Ene, apontando para o mar. – O pessoal da fração está à deriva. Vamos aproveitar e acabar com eles.

Encrencs estava com muita raiva e queria vingança. Al Egoist tentou impedi-la:

– Não! Deixe-os! A culpa não foi deles – Al Egoist estava agora de cabeça baixa. Parecia que sentia um pouquinho de remorso. – Se pensarmos bem, veremos que eles não são tão maus assim. Graças às aulas da C.I.A., Caio estava conseguindo resolver os problemas que surgiam, enquanto eu fiquei aterrorizado demais tentando salvar a minha pele. Eles só queriam ensinar a repartir. Talvez os números racionais absolutos fossem apenas uns incompreendidos.

É! – concluiu Miul Karashatas. – Essa missão era absolutamente impossível.

Ene Encrencs

7. JORNADA NOS DECIMAIS

A Aritmética é onde números voam como pombos para dentro e para fora da minha cabeça.

Carl Sandburg

O espaço. Sua fronteira final? Estas são as viagens a bordo da nave Entermat, com duração de alguns séculos, que tem como missão explorar um lugar onde você jamais esteve. Além das fronteiras dos oceanos, do espaço na sua cabeça... Lá está ela! Fora do seu sistema, do seu reino, do seu quarto...

A fronteira final: a Vírgula! Uma matéria que é apenas outra representação de números racionais absolutos, além da forma de fração.

Juntaremos nossa coragem e exploraremos esse mundo desconhecido depois da Vírgula. Todos têm medo desse lugar, mas não dá pra escapar. Um dia, seremos tragados por forças além da nossa imaginação.

Preparado para embarcar na nossa nave, rapaz?

Caio abriu os olhos e a voz prosseguiu:

Essa nave possui dois tipos de pilotos.

O viajante do tempo escutava aquela voz estranha, mas não conseguia descobrir de onde ela vinha. A voz prosseguiu:

Ao final de um pequeno teste que você fará agora, saberá, pela sua pontuação, que tipo de piloto você será e qual o seu novo apelido.

E lá se foi Caio, sem descanso, tragado novamente por uma força desconhecida.

Ele agora estava sentado numa poltrona flutuante diante de um painel cheio de controles holográficos. Uma enorme tela de 360 graus à sua frente parecia passar um filme com imagens em três dimensões de estrelas e planetas voando em grande velocidade. A voz seguiu a narração:

Para ser um piloto, terá que demonstrar que tem bons reflexos para fazer manobras de fuga e de ataque.

Seu teste será desintegrar essas frações com a caneta laser à sua frente até o ponto em que elas se transformem em outra forma alienígena: os números decimais.

De repente, a tela mudou. Agora, em vez de planetas e astros, aparecia a imagem de frações flutuando.

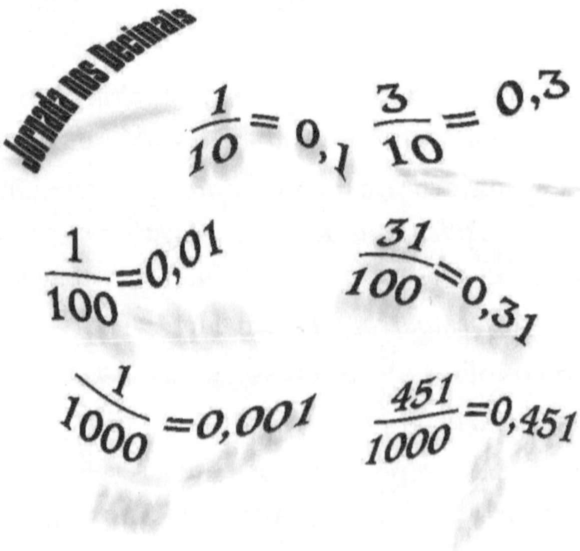

Jornada nos Decimais

$\frac{1}{10} = 0,1$ $\frac{3}{10} = 0,3$

$\frac{1}{100} = 0,01$ $\frac{31}{100} = 0,31$

$\frac{1}{1000} = 0,001$ $\frac{451}{1000} = 0,451$

Veja algumas demonstrações de como elas são desintegradas:

$$\frac{18}{10} = \frac{10+8}{10} = \frac{10}{10} + \frac{8}{10} = 1 + \frac{8}{10} = 1\,\frac{8}{10} = 1{,}8$$

$$\frac{247}{100} = \frac{200+47}{100} = \frac{200}{100} + \frac{47}{100} = 2 + \frac{47}{100} = 2\,\frac{47}{100} = 2{,}47$$

OK! Pode começar a simulação de ataque, mas antes uma última observação. Você começará com um saldo de 2000 pontos. A cada acerto ganhará 150 pontos e a cada erro ou fuga da situação, colocando a tripulação em perigo, perderá 100 pontos. Ah! Não se esqueça das frações equivalentes para transformar denominadores em decimais e da simplificação.

Caio olhou para a tela e viu que agora as frações estavam se movimentando em grande velocidade para cercá-lo. Ele reagiu àquela situação como se estivesse jogando como num de seus videogames e começou a atirar:

$\frac{5}{25} =$

$\frac{43}{100} =$ $\frac{7}{100} =$

$\frac{92}{10} =$ $\frac{345}{500} =$

$\frac{17}{1000} =$ $\frac{23}{25} =$

$\frac{23}{5} =$ $\frac{6451}{1000} =$

$\frac{132}{8} =$ $\frac{15}{300} =$

FINAL DA SIMULAÇÃO: verificar pontuação.

Igual a ou acima de 2400 pontos:

Você demonstrou que tem bons reflexos e que manobra bem. Deixou a tripulação segura e poderá ser um ás dos voos interplanetários. Será agora conhecido pelo apelido de senhor Soueu.

Abaixo de 2400 pontos:

Tome cuidado! Se ficou abaixo dessa marca, você cometeu barberagens, fez a tripulação cair no chão diversas vezes quando bateu de frente contra as frações ou demorou muito para desintegrá-las. Será reconhecido pelo apelido de senhor Chi Tô Fora.

A tela se apagou e a voz voltou à cena:

Atenção! Vamos começar a nossa missão. Acionar motores. Direção: infinito. E agora? Em que piloto será que o novato se transformou? Hum! Gostei do seu traje do século XXI, mas que tal experimentar um dos nossos uniformes?

– De quem será aquela voz? – pensou Caio. – E mais! Como é que se veste esta coisa?

Representação dos Números Decimais

Diário de bordo da nave Entermat da data estelar 4, 3, 2 e 1. Eu, o capitão Jamais Estive Aqui, e a tripulação da ponte (Central de Comando da Nave) estamos agora em outra missão: viajar além das fronteiras com o objetivo de estudar uma nova matéria que surgiu nesse ponto do nosso espaço cerebral, a Vírgula! Esperamos que a missão atinja o seu objetivo: ocupar um espaço vazio da cabeça com algum conhecimento.

– Estamos chegando perto. Senhor Soueu, marque as coordenadas e leve-nos ao encontro da *Vírgula* – ordena o capitão estelar Jamais Estive Aqui, que vivia no mundo das luas ou das estrelas e que não fazia nada sem a sua tripulação.

– Coordenadas das três primeiras ordens, representando números inteiros à esquerda da *Vírgula* e mais três ordens, representando números fracionados à direita da *Vírgula*. *Vírgula* sendo exibida na tela agora, senhor – ressaltou senhor Soueu.

Centena Dezena Unidade, Décimo Centésimo Milésimo ...

Senhor Soueu, de origem nipônica, era o imediato da nave que pilotava junto com o senhor Chi Tô Fora, um imediato russo que ainda era aspirante, isto é, ainda não tinha tanta experiência como o senhor Soueu e, às vezes, dava algumas mancadas.

– Fazendo análise das propriedades da *Vírgula,* capitão – confirmou o senhor Explico, oficial de ciências exatas.

Senhor Explico era um extraterrestre vindo do planeta Voutentando, um lugar que se orgulhava por seus habitantes terem controle das emoções e um evoluído raciocínio lógico. Os Vamostentando, como eram chamados, eram muito persistentes. Diante de um problema, jamais desistiam.

– Vamos aprender a ler números com *Vírgula,* ou melhor, os números decimais – continuou o senhor Explico:

1,7 = 1 inteiro e 7 décimos ou 17 décimos

2,23 = 2 inteiros e 23 centésimos ou 223 centésimos

– Fascinante! – prosseguiu o senhor Explico que adorava usar essa expressão para quase tudo, menos para explicar a preguiça humana de alguns tripulantes.

Adição e subtração

– Vamos ver como se comporta esse número decimal. Acionar adição, senhor Soueu – ordenou o capitão que estava com os pés no chão e atento à tela.

– SOMANDO. Na tela, senhor

$$5 + 2,34 = \begin{array}{r} 5,00 \\ +\underline{2,34} \\ 7,34 \end{array}$$

– Mais uma vez, senhor Soueu.

– Sim, capitão!

$$6,45 + 4,8 = \begin{array}{r} 6,45 \\ +\underline{4,80} \\ 11,25 \end{array}$$

– Análise, senhor Explico – pediu o capitão.

– Basta colocar as *Vírgulas* uma embaixo da outra e somar normalmente. Não podemos deixar de preencher com zeros quando necessário, capitão.

– Muito bem. Passemos para outra operação agora – comandou o capitão. – Eliminar decimais, senhor Soueu.

– SUBTRAINDO. Alguns resíduos estão aparecendo, senhor.

4 – 2,34 = 4,00
- 2,34
1,66

6,45 – 4,8 = 6,45
- 4,80
1,65

– Senhor Explico, explique – o capitão estava só querendo a confirmação do que ele já havia percebido.

– Nada demais, capitão. A análise da subtração teve uma demonstração satisfatória. Parecida com a análise da adição.

Multiplicação

– Vamos multiplicar a força da nossa *Vírgula*. Quero ver o produto dessa operação. Quero ver o quanto a *Vírgula* pode andar.

Jamais Estive Aqui era muito curioso. Sempre chegava às últimas consequências para conhecer novas matérias. Mas sempre levava em consideração a segurança da nave. A Entermat usava para marcar a velocidade da luz uma medida denominada Dobra.

– Multiplicando, senhor. Dobra multiplicador 2 – avançou senhor Soueu. – Aparecendo na tela:

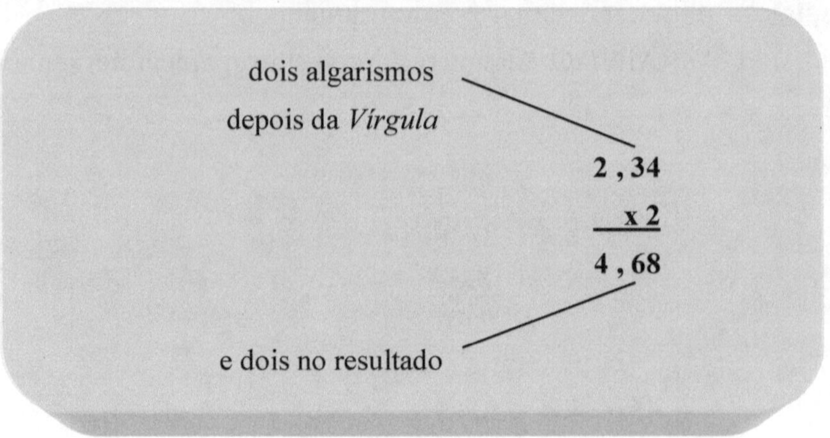

– Agora dobra multiplicador 3,45 – exigiu o capitão.

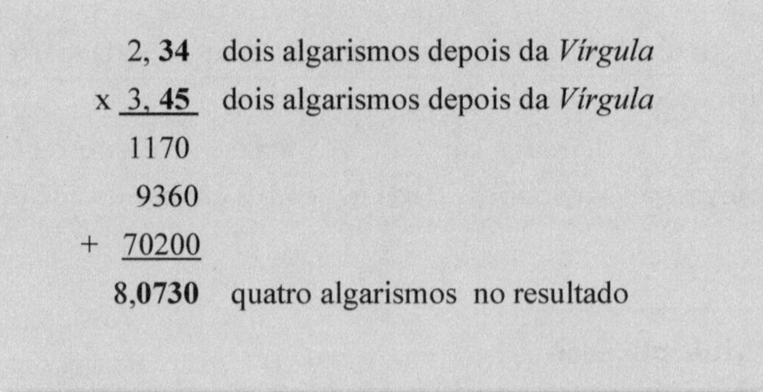

– Basta somar o número de algarismos depois da *Vírgula* dos números multiplicados – disse o senhor Explico de forma objetiva para o resto da tripulação que já estava impressionado como a *Vírgula,* o objeto de estudo, andava para a esquerda tão bem.

De repente o senhor Soueu começou a gritar:

– Capitão, a *Vírgula* ficou fora de controle. Ela está multiplicando sem parar...

– Oficial Tôdura, abra os canais de comunicação da nave e avise a tripulação: alerta vermelho – ordenou o capitão à oficial de comunicações que nunca saía do lugar.

– Vamos, vamos bater! – alertou o senhor Soueu.

– Engrena a marcha à ré... Dá marcha à ré!

– Isso aqui é uma nave espacial, senhor Chuta Fora! – zangou-se o piloto experiente.

– Não é Chuta Fora! É Chi Tô Fora. E onde já se viu uma nave sem marcha-ré? E o cinto de segurança, hein? Já notou que a gente vive caindo no chão?

– Calem-se! – exigiu o capitão. – Acionar armas, a operação inversa da multiplicação: a divisão. Fogo!

– DIVISÕES atingindo o alvo agora, senhor! – notificou o senhor Soueu.

Senhor Explico começou a explicar, mesmo com aquela confusão:

– Temos infinitooooos zeros depois da *Vírgula* que podemos utilizar.

Exemplo: 12 é igual a 12,00 ou 12,000 *ou*
12,000000000000000...

Vamos então usar esses ZEROS para dividir 1/5

Dá 1 |5

– Ops! O visor do divisor está quebrado. Chame o médico da nave, chame o doutor Masdói.– mandou o capitão.

Sempre de prontidão e esperando as chamadas de emergência. Esse era o médico da nave. Ele aparentava ser o mais velho do grupo. Era muito dedicado a consertar os erros da tripulação.

Ao chegar na ponte, o médico foi logo pegando o seu aparelho de diagnóstico de problemas para conseguir apagar o erro. Sempre que ele vinha à ponte aproveitava para aplicar uma injeção enorme na tripulação para prevenir a dor de cabeça ou de ficarem bêbados de sono. Afinal, a tripulação era muito requisitada durante esses momentos tão críticos.

– Pronto! Já apaguei o erro e apliquei a injeção, mas, por favor, Explico, nas próximas explicações sobre divisão tente seguir o meu conselho: beba e depois distribua essas soluções, em doses homeopáticas. Dê a solução aos poucos senão vamos ter seríssimos problemas.

Senhor Explico seguiu as ordens médicas e continuou:

– Vejam as divisões, senhores:

```
1,0  |5
     -----
10    0,2
0
```

0,2 É igual a dois DÉCIMOS OU **2/10**.

```
361,00  |100
        -----
 61 0    3,61
  1 00
     0
```

– Acabou, capitão! – confirmou o senhor Soueu.

– Não, senhor Soueu – interrompeu o senhor Explico. – Ainda tenho que fazer mais observações sobre os efeitos das nossas armas, as divisões, sobre a *Vírgula*.

– Prossiga, Explico – o capitão estava curioso. – Quais são suas observações?

– A primeira é: se tivermos esse tipo de divisão aparecendo na tela:

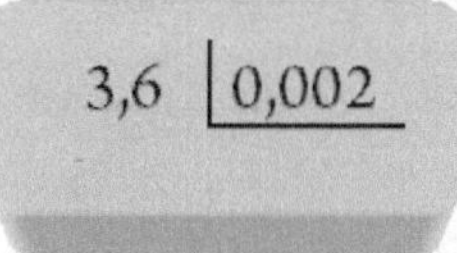

"Primeiro, devemos preencher com zeroooos, igualando as ordens do dividendo e do divisor e dessa forma:

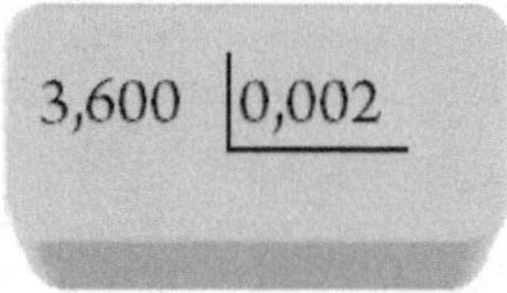

"E, em seguida, vamos multiplicando tanto o dividendo como o divisor por 10 simultaneamente até que a *Vírgula* desapareça totalmente.

3,600 x 10 = 36,00   36,00 x 10 = 360,0
360.0 x 10 = 3600

0,002 x 10 = 00,02   00,02 x 10 = 000,2
000,2 x 10 = 2

"Neste exemplo foi necessário multiplicar três vezes o número 10 para desaparecer a famosa *Vírgula,* então poderíamos ter multiplicado logo por 1000 que daria a mesma coisa.

"Agora vejam como fica fácil a divisão depois dessa operação".

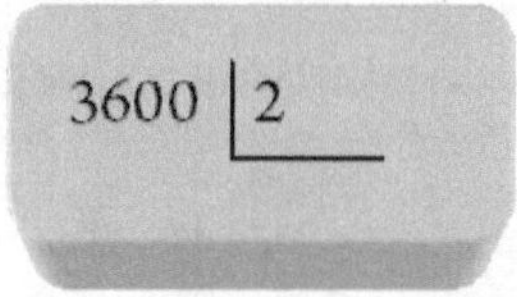

– Ei! – reclamou o doutor. – Quem faz operações aqui sou eu.

– Alguém me chamou? – perguntou o senhor Soueu.

– Muito bem, Explico! – congratulou o comandante. – Mais alguma observação?

– Eu temo que sim, capitão. Parece, que...

– O que foi, Explico? Algum problema? – preocupou-se o médico.

– Parece queeeeeee... – Explico parecia em estado de animação suspensa.

– Fale logo, Explico! – zangou-se o capitão. – Está me deixando em suspense.

– Parece que em casos como 5 dividido por 3 ou 7 dividido por 9, por exemplo, há um comportamento estranho depois da *Vírgula*... Veja na tela, senhor.

5,0000	3	7,00000	9
20	1,666...	70	0,77777...
20		70	
20		70	
2		7	

– Minha nossa! O que é isso? – espantou-se o imediato Chi Tô Fora ao ver os algarismos depois da *Vírgula* surgindo sem parar.

– Explique, Explico – ordenou o capitão.

– Parece que se trata de um Buraco Negro e está nos atraindo para o seu interior...

– Senhor Soueu, atire os torpedos fosforônicos no buraco negro. Senhor Chi Tô Fora, tire-nos daqui.

– Não consigo, capitão! Não acho a marcha a ré!

– Esqueça então esse comando. Senhor Soueu, o que está esperando? Fogo!

– Fogo! – gritou Chi Tô Fora, apavorado. – Onde?

O imediato atirou os torpedos, mas a situação se agravou. O senhor Chi Tô Fora batia nas paredes, procurando a saída de emergência e, enquanto isso, a nave foi tragada para dentro do Buraco Negro.

O que acontecerá com a tripulação?

Resposta: Veja nas próximas páginas.

8. O BURACO NEGRO (Dízima Periódica)

O buraco negro resulta de Deus dividindo o universo por zero.

Autor desconhecido

Um fenômeno natural no espaço para onde os corpos são sugados. Até a luz desaparece. É considerada uma espécie de "falha" do espaço, um buraco com ausência de luz, um buraco sem fim.

Um lugar que provavelmente você só conhecerá por meio das *Dízimas Periódicas.*

Na última página nossa tripulação havia sido atraída para o interior do Buraco Negro. O capitão Jamais Estive Aqui estava tentando levantar o moral da tripulação, contando as aventuras nos lugares onde já esteve e, como não foram poucas, o pessoal ficou sonolento.

O senhor Explico, que não era nada humano, foi o único a ficar alerta. Vendo que as histórias poderiam demorar, ele resolveu fazer uma pesquisa sobre o tal Buraco Negro.

Acabou descobrindo que outras naves já haviam registrado esse fenômeno há algum tempo. Nos registros, ele descobriu que esse

Buraco Negro tinha recebido o nome de DÍZIMA PERIÓDICA. Nesse instante, o imediato Chi Tô Fora se descontrolou:

– Vai ser difícil sairmos daqui, capitão. Não vamos conseguir trabalhar com isso. Estamos perdidos! Eu quero ir pra casa! Onde está a minha mãe?

– Acalme-se, oficial! – gritou Jamais Estive Aqui. – Você está enganado! Senhor Explico, diga alguma coisa! – o capitão não queria demonstrar o seu receio de perder a nave que ele tanto amava dentro de algo tão... Escuro.

– Minha teoria, comandante, é a de que o fenômeno lá fora se alimenta de medo.

– Medo? – espantou-se o senhor Soueu.

– Medo do desconhecido, senhor Soueu – ressaltou senhor Explico. – É escuro devido à falta... Da gravidade de não possuir conhecimento. Se meus cálculos estiverem certos, e sempre estão, chegaremos à conclusão de que quanto mais a estudarmos mais seremos jogados para dentro do Buraco. E com isso conseguiremos atravessar este mundo negro e chegar a um mundo azul e mais claro. Dízima periódica é apenas um número que não consegue terminaaaaaar, mas nós podemos tentar uma passagem através desses meus estudos sobre o fenômeno. As dízimas são do tipo classe S ou do tipo classe C:

S de ***SIMPLES*** – todos os números depois da *Vírgula* se repetem, mantém uma **periodicidade**.

– Gostei do termo? Muito chique! – elogiou a oficial de comunicação, Tôdura.

O senhor Explico levantou uma das sobrancelhas com ar interrogativo. Para ele, aquele comentário parecia sem propósito.

– Vamos aos exemplos – persistiu Explico.

A) 0,666...

B) 0,454545...

C) 3,431431 ...

C de ***COMPOSTA*** – os primeiros números depois da *Vírgula* **não se repetem.**

D) 0, 3 **555** ...

E) 6, 42 7777...

F) 2, 6 **58585858**...

Observação! Temos 3 formas de representar dízimas:

A) 0,666...

B) $0,\overline{6}$

C) 0,(6)

– Mas o que está ocorrendo? – indagou o senhor Soueu. – Será que estamos engasgados? NÃO conseguimos terminar, por quê?

– Calma! – pediu o capitão. – Ouça a explicação.

– Seja 0,6 – prosseguiu Explico – um número decimal, que, colocado na forma de fração, fica:

$$\frac{6}{10} = 0{,}6$$

“Na verdade esse número é o mesmo que 0,60 ou 0,600 ou 0,60000000000000000000000000000

“Só que podemos ignorar esses zeros, pois eles não interferem nas operações.

"Agora, quando vemos 0,666... , este número, na verdade, está entre 0,7 e 0,6."

– Ah! Que tal esquecer tudo e arredondar logo? – comentou Chi Tô Fora.

– Existem casos em que isso não é nada bom – observou Explico. – Por acaso quando você vai ao posto para encher o tanque do seu carro espacial, com o preço do litro da gasolina especial ultra-reciclada custando 0,666 centavos, você arredonda?

O senhor Chi Tô Fora ficou sem ação.

– Só se você estiver a fim de perder dinheiro – concluiu Explico. – Então, deixa de preguiça e vamos continuarrrrrr.

O senhor Explico, desde que se aproximou daquele espaço escuro, estava reagindo de uma forma muito estranha. Talvez por ser verde, olhos puxados, cabelo laranja...

– Voltando ao 0,6666...

"Veja: $\frac{6}{10} = 0{,}6$

$\frac{6}{9}$ é na verdade o nosso 0,6666...

"Quando vemos 0,454545... esse número está próximo de 0,45 que é igual a 45/100. Tente 45/99.

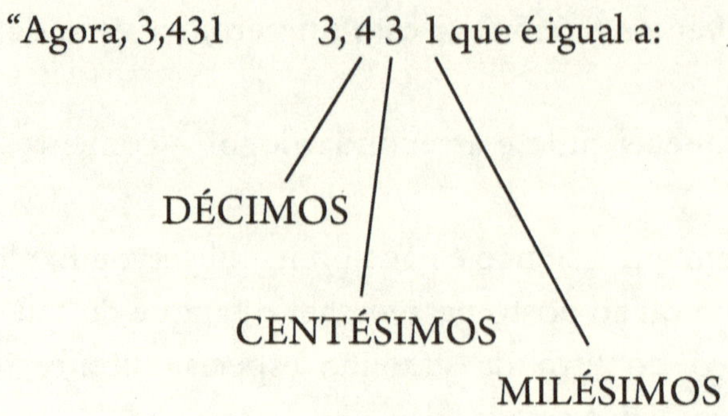

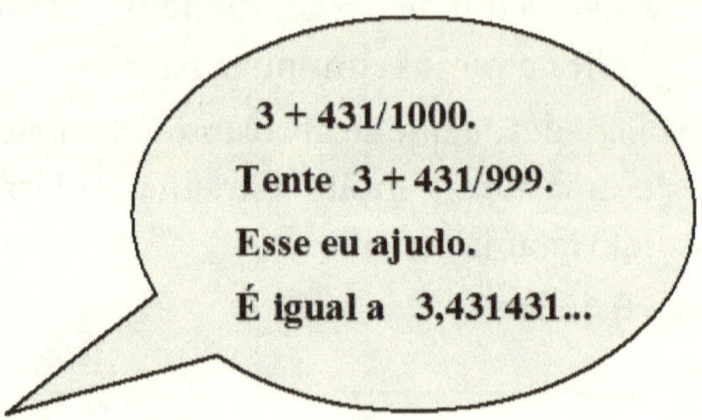

CONCLUSÃO:

Podemos transformar algumas dessas DÍZIMAS PERIÓDICAS em FRAÇÃO.

O *NUMERADOR* é o PERÍODO, que são os algarismos que estão se repetindo.

O *DENOMINADOR* é formado por NOVES, que correspondem a cada algarismo repetido.

Chamamos essa fração que gera uma dízima periódica de **FRAÇÃO GERATRIZ**.

"Na forma de fração, você poderá fazer qualquer cálculo. É mais fácil passar por essas frações e escapar desse buraco negro."

– Afinal, tornam-se apenas frações comuns com um nome metido – fez Tôdura outro comentário que irritou o oficial de ciências.

– E na COMPOSTA, senhor Explico? – indagou o senhor Soueu.

– Temos que lembrar que ela é composta de uma parte que não está se repetindo e de outra com dízima, então:

"Seja 0,**42**(7) $\frac{427-42}{900} = \frac{385}{900} = \frac{77}{180}$

→ 1 algarismo repetindo = 1 nove

→ 2 algarismos que **não** se repetem = 2 zeros

"O numerador é formado pela subtração dos algarismos depois da *Vírgula,* menos a PARTE DOS ALGARISMOS QUE NÃO SE REPETE.

"Outro exemplo:"

3, 2 (75) $3 + \frac{275-2}{990} = 3 + \frac{273}{990} = 3 + \frac{91}{330}$

→ 2 algarismos repetindo = 2 noves

→ 1 algarismo que **não** se repete = 1 zero

– Se é dessa forma, o que estamos esperando? Vamos aplicar a nossa energia da matéria contra a antimatéria – sugeriu o capitão.

– Sim, senhor! – confirmou Explico. – Começaremos classificando como simples ou composta e, em seguida, transformaremos em **fração GERATRIZ** essas dízimas na nossa frente para podermos escapar logo. Vamos:

0,444... = 4,023023.. =

0,2828.. = 2,573573... =

3, 454545... = 0.,88... =

23,605252.. = 1,722... =

– Parece que conseguimos uma brecha, capitão – observou o médico sorridente.

– Tomara, doutor! – disse o capitão, virando-se para o outro lado. – Tôdura, abra comunicação com a engenharia. Quero falar com o engenheiro Scotch.

– Canal aberto, senhor.

– Scotch, tire a nave desse buraco. Ligue os propulsores da nave e vamos para casa. Scotch? É uma ordem. Ligue, Scotch! Scotch, está me ouvindo?

– Capitão! – chamou o oficial de ciências meio sem jeito. – Parece que cometi um pequeno engano.

Todos da nave se voltaram para o oficial de ciências que nunca se enganava.

– O que foi, Explico? – preocupou-se o comandante já muito intrigado.

– Acabei de verificar que distribuí soluções demais para o senhor Scotch.

– O que quer dizer? – o capitão já estava assustado.

O Doutor Masdói chegou perto do capitão, bateu a mão no ombro dele segurando uma solução e comentou:

– É, Capitão, acho que Scotch ficou embriagado com tanta solução dada pelo senhor Explico. Eu não sei quanto aos motores, mas parece que o engenheiro "afogou" e vamos ter que esperar. Aceita uma bebida? – do áudio ouviu-se a voz do engenheiro que não conseguia deter o ataque de soluços.

– Capitão! – gritou a oficial Tôdura. – Um dos nossos pilotos, o que não quis colocar o nosso uniforme e usava um lindo boné, desapareceu!

O capitão colocou as mãos no rosto e lamentou:

– Ah! Essa não! E agora? Eu jamais quis estar aqui!

9. UMA NOITE TENEBROSA – ENIGMAT

Eu tratei com números toda a minha vida, naturalmente, e depois de um tempo você começa a sentir que cada número tem sua própria personalidade.

Paul Auster

Era uma noite chuvosa, relampejava demais, assustadora... Um carro luxuoso, que passava pelas ruas vazias, parou na frente de uma mansão. Um homem saltou e, cordialmente, abriu a porta para uma mulher descer. Ela era muito elegante, usava um vestido longo verde e estava acompanhada por um rapaz de cabelos castanhos que usava óculos escuros com pedras de brilhantes e vestia um terno preto. Os dois entraram na casa e foram conduzidos pelo mordomo para um salão. A festa estava animada, cheia de convidados – a maioria dançava ao som de uma banda de rock. O casal foi saudado por um homem alto, de olhos verdes e calvo.

– Olá, Diva. Bóris, como vão as coisas na propaganda e publicidade?

– Muito trabalho, Erreagá. Estamos em fase de final de campanha e nossa modelo aqui está sendo muito requisitada. Ainda bem que ela sabe usar os seus encantos. E com você, como vão as coisas?

– Com toda essa onda de violência, estamos lotados. Passo o dia inteiro no tribunal sem almoço. A maioria de nossos clientes é de criminosos ou assassinos violentos pegos em flagrante. Também há grandes empresas com processos por agressão ao meio ambiente ou à saúde pública, mas que a nossa firma de advocacia sempre consegue inocentar. Nos outros casos – como pequenos delitos, roubos ou pessoas presas por engano – nós não nos empenhamos muito. Ou seja, não poderia estar melhor!

– Tenho certeza que sim! – presumiu Bóris.

– E vocês continuarão ganhando mais alguns milhões, não é? Afinal, não existe ninguém que saiba vender como você um produto qualquer, deixando as pessoas alucinadas ao ponto de venderem a própria alma para obtê-los. Isso é um dom.

– Espero que o senhor ainda tenha tempo para jantar conosco numa noite dessas em nossa nova casa, senhor Positiv – sugeriu Diva. – Finalmente conseguimos vender nosso castelo em Londres.

– Claro que irei! Eu não tenho almoçado bem, mas as noites são sagradas. Sempre consigo fazer uma ótima ceia e descansar um pouco. Eu até aproveito para refletir.

– Refletir! – Bóris começou a rir bem alto. – Essa foi ótima.

– Bom, fiquem à vontade, Bóris , Diva!

Durante a festa, surgiu uma nuvem imensa no teto com uma luz azulada. Um som tenebroso, como o de um trovão, ecoou. Da nuvem, que se transformou num ciclone, caiu um ser no meio da sala e... Todos continuaram se divertindo normalmente.

A nuvem desapareceu e Caio se levantou do chão, ajeitando-se com a ajuda do advogado que estava ali por perto.

– Mais um daqueles penetras. Ai, como são ruins esses amadores que não sabem entrar numa festa sem esse estardalhaço – comentou um dos garçons.

– Precisa treinar mais, amigo, – disse Erreagá para Caio – e, por favor, da próxima vez use a porta. Não queremos parecer estranhos, não é mesmo? Permita que eu me apresente, sou Erreagá Positiv.

O advogado cumprimentou Caio que parecia ter ficado hipnotizado ao encarar aqueles olhos verdes enigmáticos. Ao tentar se apresentar, a voz de Caio soou trêmula.

– Caaaiooo.

– Sim! Já discutimos isso. Você não vai mais cair daquele jeito.

– Não! – Caio conseguiu sair do transe finalmente. – Quero dizer! Sou Caio, Caio Zip.

– Ah, mas é claro! A propósito – o homem inspecionou de cima a baixo o convidado inesperado. – você não gostaria de colocar um traje mais adequado? Podemos pedir a um dos meus empregados para ajudá-lo. Venha! Vamos até a cozinha.

Um homem de cabelo escuro, que mancava da perna esquerda, aproximou-se.

– Ah! Bandaid, quero apresentá-lo a Caio Zip.

O homem ficou mudo, deixando o advogado sem graça.

– Ele é um pouco tímido! Bom, pelo menos, cumprimente-o, Bandaid!

Na hora em que Bandaid esticou a mão para cumprimentar, Caio percebeu que o braço do homem estava enfaixado com ataduras totalmente podres.

– Parece que você não é o único a dar mancadas, rapaz.

– Oh, desculpem o meu enfermeiro! – um homem forte, bem alto, interveio. – Ele não teve tempo para se arrumar direito. Saímos do plantão no hospital rapidamente.

– Mas valeu a pena?

– Claro, Erreagá! Só que ainda sobrou muita gente ferida. Se tivéssemos mais tempo poderíamos ter dado um fim neles – o homem reparou em Caio e disse. – Oh! Desculpe-me, sou o doutor Jéques, ou melhor, senhor Hide.

Durante a conversa, um velho tropeçou em Caio. Ao segurá-lo, notou que o homem tinha olheiras muito escuras e que seus olhos pareciam sem vida. O homem o empurrou e saiu.

– Ele deve estar bêbado – deduziu Caio.

– Claro que não! – espantou-se o senhor Hide. – Esses funcionários com empregos tediosos, jamais bebem em serviço. São uns perfeitos Zumbis.

Uuuuuuh!

Um som forte e agudo ecoou em todo o salão como se fosse o uivo de um lobo. Caio voltou-se para trás e descobriu que era o cantor da banda.

– Que tom horrível! – reclamou Caio.

– É verdade! – o advogado concordou, sorrindo. – A música dele é muito ruim. Sem ritmo, sempre a mesma coisa... Não é à toa que Tom Lunatik e sua matilha fazem tanto sucesso. Antigamente, os músicos tinham o dom divino. Eles sofriam para conseguir criar, mas, hoje em dia, basta venderem a alma e pronto. Assim ficou muito mais fácil, não acha?

Antes que Caio pudesse dizer alguma coisa, uma mulher de cabelos verdes o puxou para a pista de dança e tentou fazer com que seu corpo petrificado dançasse. Sem que Caio percebesse, a mulher cuspiu fogo.

– Essa Drag Green realmente não sabe controlar o álcool – comentou Bóris. – Por que você a convidou, Erreagá?

– Eu apenas quis ser gentil. E, convenhamos, só ela sabe esquentar uma festa.

– Ah é... Esquentar. De quanto foi o seguro da casa dessa vez, Erreagá?

– De uns dez milhões.

TUM TUM TUM TUM

Ouviu-se um som forte e pesado vindo do portão principal. A música parou e todos ficaram num silêncio mórbido.

TUM TUM TUM TUM

– É ela! – gritou o mordomo.

– Minha ex-mulher? – assustou-se Bóris. – Aquela bruxa não me deixa em paz?

– Não, Diabo! – gritou o médico. – É pior! É Enigmat! Está tentando arrombar o portão da rua. Ela nos achou novamente!

– Não podemos deixá-la entrar! – apavorou-se Drag Green. – Eu não consigo enfrentá-la. Ninguém aqui dentro consegue. Somos muito ruins nessa matéria. É por isso que ela nos persegue há tantos séculos.

– Tem razão – concordou o advogado. – Nós não conseguimos encarar esse bicho, mas não é verdade que não exista alguém aqui que seja bom o suficiente para enfrentá-la ou até mesmo dominá-la – o vampiro virou-se e olhou para uma pessoa na sala. Todos os convidados, lentamente, voltaram-se para a mesma direção. Era Caio.

– Eu! Por que sempre eu? Eu nem sei que bicho é esse!

– Olhe pela janela, Caio – ordenou Erreagá.

Caio, muito receoso, obedeceu. Chegou até a janela que dava para a frente da casa e procurou. Estava escuro e ainda chovia forte, mas, no momento em que caiu um raio, fez-se um clarão e ele conseguiu ver o que estava causando aquele barulho.

Era um animal enorme com várias cabeças, cheias de dentes afiados. Sete, no total. Todas em forma de aves com bicos pontiagudos. Sua pele era verde e marrom e seus olhos vermelhos brilhavam intensamente.

– Não! Não é possível! – Caio ficou tremendo.

– Reconheceu a Enigmat, Caio? – perguntou Erreagá.

– Não pode ser! É igualzinha a imagem que eu faço da matemática, quando não consigo resolver as questões!

– Cada um a vê de uma forma diferente, Caio.

– Mas não é possível. O que posso fazer?

– Afinal, Erreagá! – questionou o médico. – Como você sabe que este rapaz é bom? Ele não é um de nós?

– Ele não é como nós. Ao cumprimentá-lo, pude sentir a energia positiva dele, que, por sinal, é muito forte – Erreagá exibiu seus caninos afiados.

– Por que não nos contou? – Hide gritou possesso.

– Quando descobri que ele era humano, tentei levá-lo para a cozinha a fim de guardar o sangue dele na geladeira para beber antes de dormir, mas o seu assistente múmia, aqui, interrompeu. Então, decidi que poderia tentar novamente no final da festa. Só não esperava por esse bicho, penetra irritante.

– Não importa! – interrompeu senhor Hide, tentando concluir rapidamente aquele assunto. – O que interessa é que, se ele for bom, teremos alguma chance de escaparmos dessa. Ele deve tomar uma poção de MEDIDAS.

– Tem razão! – acenou Erreagá, positivamente. – Volto já!

O anfitrião correu até a cozinha, começou a vasculhar em todos os cantos e, ao procurar dentro do forno, ficou aliviado:

– Ahá! Até que enfim! Achei você!

Erreagá precisou de muita paciência para conseguir pegar aquela coisa. Aquilo estava entalado e o fez tropeçar e cair de cara no chão. Tudo isso por causa do seu tamanho e do seu formato.

– Por que demorou tanto? Não é hora de um lanche, sabia? – reclamou o médico aflito.

– Eu custei para achá-lo e depois foi difícil arrancá-lo do forno.

– O quê! O que ele estava fazendo no forno? – questionou Bóris.

– A última vez que tentei absorver seu poder, acabei me aborrecendo e tentei queimá-lo.

– Tá gagá, Erreagá! – bronqueou o médico. – Esqueceu que por mais que tentemos não conseguimos nos livrar dele. A magia contida no seu interior é muito forte, é eterna.

– É verdade! O máximo que consegui foi deixá-lo um pouco chamuscado.

O advogado foi até Caio.

– Pega logo isto!

Caio sentiu o peso daquele livro que tinha uma capa de couro muito grossa e o aspecto de ser bem antigo.

– Por que me deu isso?

– Ora, Caio. Este livro ensina a fazer uma POÇÃO de MEDIDAS. Você poderá estudar a receita, segui-la passo a passo e, dessa forma, conseguir manter uma distância entre nós e Enigmat.

Caio olhou em volta e viu que todos estavam aflitos. Diva, por exemplo, estava roendo suas unhas enormes e Bandaid estava desenrolando as ataduras descontroladamente.

– Faça logo essa POÇÃO DE PORÇÃO de MEDIDAS! Só você pode nos salvar! – gritou Bóris de uma forma bem dramática.

UMA POÇÃO DE MEDIDAS

– MEDIDAS?

– Claro! – Bóris já estava sem paciência, mas, mesmo assim, explicou a Caio: – Já notou que usamos medidas como quilômetro, centímetro e milímetro? Você saberia transformar metros em quilômetros ou quilômetros em milímetros? Difícil? Mais fácil é fazer o Bandaid falar? Vai descobrir que, com a ajuda da poção, os seus males irão desaparecer.

– Agora, meu grande amigo Caio, vá para a saleta de estudos. Fique lá! Ficaremos aqui esperando, está bem? – conduziu Erreagá muito sorridente juntamente com outros convidados.

Ao chegar na saleta, Caio tratou logo de se sentar, acomodado pelo pessoal que fez questão de abrir o livro mostrando a página da poção. No entanto, mal Caio se pôs a ler, a turma aproveitou para sair rapidinho, deixando-o totalmente sozinho.

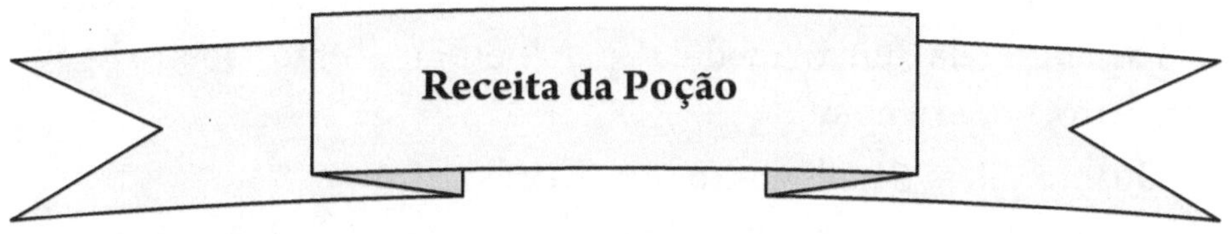

1ª Parte

Pegue todas as medidas de comprimento que você conhece e coloque-as numa fila em ordem DECRESCENTE.

KILÔMETRO	HECTÔMETRO	DECÂMETRO	METRO	DECÍMETRO	CENTÍMETRO	MILÍMETRO
km	Hm	Dam	m	dm	cm	mm

2ª Parte:

Coloque o METRO VALENDO 1 E VEJA COMO FICAM OS OUTROS EM RELAÇÃO AO METRO.

Por exemplo: 1 quilômetro vale 1000 metros.

km	Hm	Dam	m	dm	cm	mm
1000	100	10	1	0,1	0,01	0,001

O HECTÔMETRO VALE: 100 METROS .

O QUILÔMETRO VALE: 1000 METROS.

O CENTÍMETRO VALE: 0.01 *ou* 1/100 METRO

3ª Parte

(Não esqueça da asa de morcego)

Passando de uma medida para outra, como metro para quilômetro, por exemplo:

Quanto valem 5 quilômetros em metros?

⟶ **x 10**

Km	**Hm**	**dam**	**m**	**dm**	**cm**	**mm**

Quilômetro é a medida imediatamente superior a HECTÔMETRO

MULTIPLIQUE por 10

Ficando 5 X 10 = 50 HECTÔMETROS

Hectômetro é a medida acima de DECÂMETRO.

MULTIPLIQUE POR 10

Ficando 50 X 10 = 500 DECÂMETROS

Finalmente METRO:

500 X 10 = 5000

Logo: 5 QUILÔMETROS VALEM 5.000 METROS.

CONCLUSÃO:

Quando está DIMINUINDO, MULTIPLICA-SE DE 10 EM 10.

Quando está AUMENTANDO, DIVIDE-SE DE 10 EM 10.

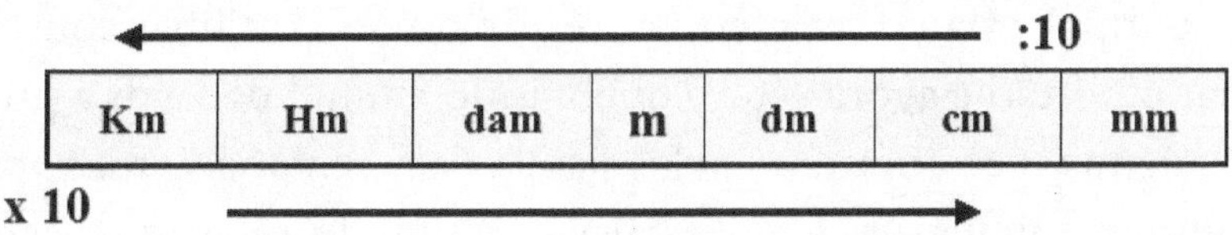

Km	Hm	dam	m	dm	cm	mm

EXEMPLO:

Então, para saber quanto vale uma medida como 250 CENTÍMETROS em DECÂMETROS, basta dividir...

$$\text{cm} = \frac{1}{10} x \frac{1}{10} x \frac{1}{10} \ \text{dam}$$

$250 \div 1000 = 0{,}25$ e está pronta a poção de medidas.

> ***Atenção, feiticeiro(a)s:***
>
> A POÇÃO DEVE SER ADMINISTRADA VIA ORAL.
>
> CUIDADO PARA NÃO SE ENGASGAR COM A ***Vírgula***.

Voltando para o salão, agora com a poção pronta, Caio percebeu que muitos dos convidados haviam fugido. Eles queriam, na verdade, deixar alguém como isca para Enigmat ficar ocupada.

A situação não poderia ser pior. A tempestade lá fora estava horripilante, mas nem se comparava com o terror em que a casa se transformara. O medo de encarar Enigmat provocou pânico entre os presentes. Drag Green teve uma crise de soluços e soltou rajadas de fogo para tudo que foi lado. As bruxas estavam tentando usar encantamentos para apagar as chamas que se alastraram até a porta dos fundos, deixando-a bloqueada. Tom Lunatik estava uivando desesperadamente, com medo de seu inimigo natural, o fogo. Erreagá tentou escapar voando, mas uma de suas asas ficou em chamas.

O tempo estava se esgotando: Enigmat já tinha conseguido derrubar o portão e agora estava quebrando em mil pedaços a porta do salão. Alguns se atiraram pela janela em chamas, mas poucos conseguiram sair ilesos. Caio estava procurando uma saída, até que sentiu um esbarrão nas suas costas. Ao se virar para trás e espiar quem o empurrara, ficou assustado. Era uma vassoura que estava ali parada, flutuando. Uma parte do teto desabou. Caio olhou para objeto voador e não teve mais dúvida. Deu um salto em cima dela e equilibrou-se do jeito que pôde, segurando o livro. Tentou manobrá-la como se fosse um skate. Quando conseguiu dominá-la, voou em direção à janela e parou. As chamas estavam agora mais altas. Ele respirou fundo e, enquanto manobrava para atravessar o fogo, permaneceu agachado, usando o livro para se proteger. Um pedaço de madeira incendiada encostou na vassoura, mas, ainda assim, ele conseguiu escapar daquele pesadelo. Respirou aliviado até perceber que a traseira da vassoura mágica estava em chamas. Tentou aterrissar, mas o fogo se alastrou rapidamente, forçando-o a pular.

Caído no meio da rua pouco iluminada, depois que todos os outros sumiram, Caio se deu conta de que estava totalmente molhado, deitado de bruços no chão. Ao seu lado encontrou o livro das poções. De onde estava pôde ouvir um rugido vindo de dentro da casa quase destruída. Era Enigmat que estava muito mais horripilante por não ter conseguido capturar ninguém.

Caio Zip se levantou e olhou em volta enquanto se decidia para onde ir. Quando se deparou novamente com a casa, notou que o seu monstro da matemática já estava do lado de fora, fitando-o com aqueles quatorze olhos vermelhos e brilhantes. Na mesma hora ficou apavorado e disparou na direção de um beco. Correu e correu até ficar sem forças. Ao se encostar numa parede para tomar fôlego, olhou para trás e ficou espantado: uma sombra se projetava num prédio abandonado. Era a monstruosidade se aproximando.

– Preciso escapar! – pensou alto. E ofegante, concluiu: – Tenho que arranjar um jeito de me esconder ou de fazer algo contra aquela coisa. Não vou deixá-la me pegar. Não vou!

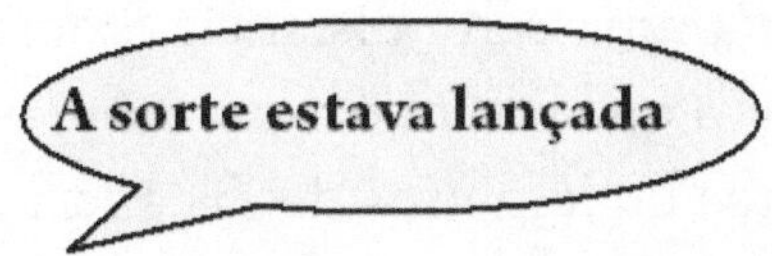

1) Caio olhou para o prédio e percebeu que faltavam cerca de cinco metros para que a sombra o cobrisse totalmente. A construção tinha, aproximadamente, 40 metros de altura. Imaginando que a altura do bicho fosse a quinta parte da sombra, quanto o bicho deveria medir em centímetros?

Se acertar, vá para **página B** e consulte o número 913. Mas, em seguida, volte para resolver a próxima questão.

Se errar, siga para **página D** e verifique o número 666 e volte.

2) Caio achou no chão um fio de náilon bem resistente. Usando seu antebraço, que media uns 350 milímetros, mediu o tamanho do fio. Qual seria o tamanho do fio em metros, sabendo que ele o mediu com o braço 20 vezes?

Acertou : página B consulte 717

Errou: página D consulte 123

3) Dando passos de um lado da rua até o outro, ele contou seis passadas. Imaginando que cada passada tinha 90 centímetros, quantos metros teria de largura aquela rua?

Acertou: página B número 695
Errou: página D número 444

4) Caio viu um raio e, depois de 12 segundos, escutou um trovão que caíra a uma certa distância. Lembrando que uma vez viu em um livro que o som percorre o ar a 340 metros por segundo, a quantos quilômetros de distância caiu o raio? Será que foi longe?

Acertou: página B número 333
Errou: página D número 821

5) Caio encontrou duas velas iguais que mediam em torno de 1,5 decímetro. Perto dali, achou uma caixa de fósforos com apenas três palitos. Ele testou um dos fósforos numa das velas. A chama derreteu a cera, fazendo-a diminuir cinco centímetros em 20 minutos. Quanto tempo ele teria de luz com as duas velas inteiras, sendo usada uma de cada vez?

Acertou: página B número 999
Errou: página D número 223

6) Sabendo quantos metros tinha a largura da rua, Caio cortou o fio nesse mesmo comprimento. Quanto sobrou em metros?

Acertou: página B número 479
Errou: página D número 503

7) Agora, com o pedaço maior, teve a ideia de amarrar o fio na rua e, com o que sobrou, amarrou a lata de lixo que colocou no alto de um muro que media o tamanho dessa sobra menos 0,015 decâmetro. Quanto media este muro em metros?

Acertou: página B número 888
Errou: página D número 100

ATENÇÃO

Se Caio errou mais de quatro vezes incluindo a questão 5,
vá para a página D, número 723.

Se Caio errou mais de quatro vezes, mas acertou a questão 5,
vá para a página D, número 220.

Se errou de duas a quatro vezes e errou a questão 5,
vá para a página B, número 555.

Se errou de duas a quatro vezes e acertou a questão 5,
Vá para a página B, número 1000.

Se errou menos de duas, mas errou a questão 5,
vá para a página B, número 789.

Se errou menos de duas e acertou a questão 5,
vá para a página B, número 899.

333

A Enigmat estava longe, mas não o suficiente.

Caio precisava usar aquele fio de náilon para uma armadilha. Já sabia a largura da rua e esse era um dado importante.

Precisava ter forças para fazer isso o mais rápido possível.

479

Caio sabia que o tempo estava se esgotando e que precisava daquele pedaço de fio para a sua armadilha.

Viu uma lata de lixo e teve uma ideia.

555

Caio começou a fazer muito barulho para chamar a atenção de Enigmat que correu para pegá-lo. O fio esticado, colocado no meio da rua, acabou derrubando os dois. Mesmo se sentindo muito mal, Caio aproveitou para puxar a lata de lixo, que caiu em cima do monstro, deixando-o desacordado.

Caio, exausto e ferido, tombou no chão. Ouviu pessoas conversando. Eram dois rapazes vestindo camisetas com os dizeres IRONMAT. Estavam fazendo uma corrida noturna e tinham ouvido o barulho. Ao verem SOMENTE o desacordado naquela situação, resolveram levá-lo para fora do beco. Caio, antes de desmaiar, viu uma luz e ouviu uma música suave.

695

Mesmo naquela situação, Caio conseguiu acalmar-se.

Pensou que aquilo tudo só poderia ser um pesadelo, mas, na dúvida, achou melhor traçar uma estratégia. Ele não tinha como fugir.

Afinal, de que serviria saber a largura da rua?

Será que ele estava tramando algo?

717

Caio estava muito assustado e acabou derrubando o livro no chão. Ao pegá-lo, percebeu que havia uma fita métrica escondida.

Pegou a fita e o fio de náilon.

789

Caio começou a fazer muito barulho para chamar a atenção de Enigmat que correu para pegá-lo. O fio esticado, colocado no meio da rua, derrubou o monstro. Caio, mesmo se sentindo muito mal e não enxergando direito, puxou a lata de lixo, que caiu em cima de Enigmat, deixando-a desacordada.

O bicho de sete cabeças horrendas se transformava agora em um pássaro de fogo. Caio não teve medo do animal porque essa era exatamente a imagem que fazia de uma pessoa que enfrentava um problema – Fênix, a ave mitológica que sempre voltava das suas cinzas com mais força e sabedoria.

Caio entendeu que tudo aquilo acontecera por causa do seu medo da matemática. Estava assustado, da mesma forma que todos os convidados da festa. Eles achavam que não eram bons o suficiente para entender aquela coisa. Como ele havia conseguido enfrentar seu medo com muita coragem, agora e sempre teria dentro de si uma grande força.

Bom, nem tão forte, porque, pra variar, acabou desmaiando. A última coisa que ele viu foi uma luz e começou a ouvir uma música suave.

888

Essa era a altura máxima que podia usar, pois seu fio só tinha esse comprimento.

Ele não estava mais aguentando a pressão.

Será que teria forças para o desfecho final?

899

Caio começou a fazer muito barulho para chamar a atenção de Enigmat que foi em sua direção e, chegando lá, correu até a chama. O fio esticado, colocado no meio da rua, derrubou o monstro. Caio estava escondido e aproveitou para puxar a lata de lixo que caiu em cima de Enigmat, deixando-a desacordada.

O enorme bicho de sete cabeças agora se transformava em um cachorrinho.

Caio entendeu que tudo aquilo aconteceu por causa do seu medo da matemática. Estava assustado da mesma forma que todos os convidados da festa. Eles pensavam que não eram bons o suficiente para entender aquela coisa. Como Caio conseguiu enfrentar seu medo com muita coragem, agora o bicho não era mais assustador. Só rosnava, mordia e fazia xixi de vez em quando no seu pé.

Sem forças, Caio acabou desmaiando. A última coisa que ele viu foi uma luz e ouviu uma música suave.

913

Que BOM que ele acertou!

Caio estava mais confiante.

Começou a perceber que tinha chances.

O jeito seria usar o livro das poções.

Nele deveria encontrar as respostas.

999

Caio calculou e viu que em duas horas deveria estar tudo acabado. Aquela iluminação seria importante. O jeito era economizar, usando os fósforos e as velas de forma que ganhasse mais um pouco de tempo para pensar no que fazer.

1000

Caio começou a fazer muito barulho para chamar a atenção de Enigmat que foi em sua direção e, chegando lá, correu até a chama. O fio esticado, colocado no meio da rua, derrubou o monstro. Caio estava escondido e aproveitou para puxar a lata de lixo que caiu em cima de Enigmat, deixando-a desacordada.

Ele, exausto e ferido, não aguentou e tombou no chão. Ouviu pessoas conversando. Eram duas garotas que estavam vindo do plantão de um hospital e que foram atraídas pelo barulho. Encontraram SOMENTE Caio naquela situação. Elas resolveram prestar os primeiros socorros. Caio, antes de desmaiar, só viu uma luz e começou a escutar uma música suave.

100

Como Caio chegou neste ponto?

Acabou cortando a mão com o fio e sangrou.

A Enigmat farejou e foi atrás.

123

Caio tropeçou e acabou batendo a cabeça no meio-fio. Sentia muitas dores, seria difícil prosseguir.

Como iria calcular as medidas?

Não tinha fita métrica e estava tonto.

Teria que resolver os problemas usando valores aproximados.

220

Caio começou a fazer muito barulho para chamar a atenção de Enigmat que foi em sua direção e, chegando lá, correu até a chama. O fio esticado, colocado no meio da rua, derrubou o monstro. Caio estava escondido e aproveitou para puxar a lata de lixo que caiu em cima de Enigmat, deixando-a desacordada.

Exausto e ferido, Caio não aguentou e tombou no chão. Ouviu pessoas conversando. Eram dois policiais fazendo a ronda e que foram atraídos para o local por causa do barulho. Encontraram SOMENTE Caio naquela situação. Eles resolveram levá-lo para fora do beco e chamar uma ambulância. No hospital, na sala de recuperação, antes de desmaiar, ele viu uma forte luz e ouviu uma música suave.

223

Caio, tremendo de frio, deixou os fósforos caírem no chão molhado.

Ao pegar na vela, ele se queimou, deixando-a apagar.

Que escuridão! Tudo agora seria mais difícil.

444

Caio ficou assustado com aqueles olhos vermelhos. Caiu de costas e se machucou, cortando o joelho numa barra de ferro.

503

Droga! Caio estava mal!

Enigmat já demonstrava estar perdendo a paciência. Viu que Caio poderia transformar-se em um ser tão ruim quanto aqueles convidados da festa. Ela cuspiu fogo em cima de uma lata de lixo.

A lata deu uma ideia para fazer uma armadilha. Caio pegou outra lata próxima.

666

Diabos! Caio começou muito mal.

Será que ele se transformaria num daqueles monstros da festa?

Cuidado! Ele deve procurar as respostas no livro das poções.

723

Caio começou a fazer muito barulho para chamar a atenção de Enigmat que correu para pegá-lo. O fio esticado, colocado no meio da rua, derrubou o monstro. Caio, mesmo se sentindo muito mal e estando muito assustado com a escuridão, puxou a lata de lixo. A armadilha não funcionou. A lata, em vez de cair em cima de Enigmat, caiu em cima dele, deixando-o atordoado. Quando o monstro estava avançando para cima de Caio, pronto para devorá-lo, ouviu pessoas conversando. Eram dois policiais fazendo a ronda e que foram atraídos para o local por causa do barulho. Encontraram SOMENTE Caio naquela situação. Eles resolveram levá-lo para fora do beco e chamar uma ambulância. No hospital, na sala de recuperação, antes de desmaiar, ele viu uma forte luz e ouviu uma música suave.

821

Como Caio não conseguiu calcular, escondeu-se por um tempo e aproveitou para ler o livro.

A situação poderia mudar se entendesse melhor aquela receita.

Caio mergulhou na leitura até que Enigmat deu um rugido. Ela estava sentindo o cheiro de medo no ar. Caio pôde ver os olhos do monstro. Estavam mais vermelhos. Vermelhos de sangue.

Matemática parece um bicho de sete cabeças
Criaturas de experiências radioativas

(Dobre a folha até juntar as linhas pontilhadas)

10. TEMPO JURÁSSICO (Porcentagem)

A matemática é o juiz supremo; de sua decisão não há apelo.

Tobias Dantzig

Agora que Caio, provavelmente, já descobriu o grande mistério da matemática, será a sua vez de encarar o seu próprio monstro da matemática.

Quem sabe ele tem o jeito de um tiranossauro imenso...

Antes de começar, você deve determinar quanta energia possui.

Será que você está 100%?

Será que está 50%?

Ou 35%?

Não poderá contar com a sorte, muito menos com o destino.

Terá que usar suas habilidades para lidar com os problemas que irão surgir.

Terá que aprender rapidamente a resolver as questões de:

Porcentagem

Em cada problema que você acertar, sua energia aumentará. Só dessa forma conseguirá escapar de um destino muito ruim: ser mais um a não conseguir enfrentar os seus medos.

Poderá pedir ajuda a amigos. Mas cuidado: ao tentar escapar desse bicho, terá que ser muito rápido na resolução dos problemas que irão surgir. Chegando na última questão, não haverá mais chances. Seu tempo terá se esgotado e poderá ter o triste fim de ser devorado.

Será que você vai...

Sobreviver?

Como calcular PORCENTAGEM

Toda fração com denominador igual a 100 representa uma fração porcentual.

$$\frac{35}{100} = 35\%$$

$$\frac{50}{100} = 50\% \quad \text{METADE}$$

$$\frac{100}{100} = 100\% \quad \text{INTEIRO}$$

Calculando:

$$26\,\% \text{ de } 300 = \frac{26}{100} \text{ x } \frac{300}{1} = \frac{7800}{100} = 78$$

$$37\,\% \text{ de } 540 = \frac{37}{100} \text{ x } \frac{540}{1} = \frac{19980}{100} = 199{,}8$$

Escrevendo uma fração qualquer em forma de uma fração percentual.

Ex: 3/5

Basta usar fração equivalente.

$$\frac{3}{5} \overset{\times 20}{=} \frac{60}{100}$$

x 20 (numerador) · x 20 (denominador)

Pontos para começar a partida: 120

1) Quanto é 24% de 1/2?

(Se você acertou, suas chances aumentaram 35% em relação aos seus pontos originais.)

2) Se você gastasse 20% dos seus pontos originais para ser mais rápido e do restante gastasse mais 25% ajudando seu amigo num abismo, quantos pontos teria agora?

(Sua energia aumentará 10 pontos se acertar).

Atenção: Já perdeu 1 ponto nessa questão, por não ter olhado a placa indicando velocidade máxima de 40km/h.

3) O tiranossauro chegou numa cidade, onde 5.170 habitantes moram perto de um posto do exército, mas 6% da população total mora numa área mais deserta. Quantos habitantes poderão virar aperitivos de um lagarto super desenvolvido?

(Acertou? Acrescente 10 % na sua energia.)

4) Valendo 20 pontos, calcule: 35% de 0,4.

5) O tiranossauro pegou um trem com 840 passageiros. Desses infelizes, 35% eram mulheres. Quantos homens estavam no trem?

(Se você errou mais de 3 questões até agora, sinto muito, mas acabou de zerar seus pontos.)

(Se você acertou 4 questões, acabou de salvar todos os passageiros do trem.)

6) O bichinho ainda está solto. Você deverá montar uma armadilha para capturá-lo. Para isso, precisará reunir 2.150 pontos de força. Com a ajuda de seus amigos, você já conseguiu 1.290. Qual o percentual de pontos que está faltando?

(Acertando esta questão, ganha o prêmio do(a) melhor mocinho(a) do ano, com direito à escolha de um uniforme e uma cabine telefônica.

7) Se está indo bem, obteve 30% de desconto na compra de um carro novo. Se pagou 81.900 moedas, quanto economizou?

8) Se você foi mal, errando mais de 50% das questões, é melhor você correr. O pessoal da cidade quer usá-lo como isca.

9) Penúltima chance! Transforme a fração 2/5 em uma fração porcentual.

10) Última chance! Determine: (1 - 75%) x 4.

11. ARQUIVOS X E Y[4]

Pura Matemática é o melhor jogo do mundo.
Richard J. Trudeau

Em meio à luz intensa e à música suave, Caio sentiu que havia algo de estranho acontecendo com ele. Sentia sua energia se esvaindo e, ao mesmo tempo, começava a ter lembranças que mais pareciam de outra pessoa.

Ele olhou ao redor com dificuldade e viu que estava num quarto dos tempos de hoje. Na sua frente havia um armário aberto cheio de ternos pretos, todos iguais. Sentiu um impulso fortíssimo de colocar um daqueles trajes. Depois de se vestir, caminhou cambaleando até uma mesinha onde havia uma carteira. Pegou-a, abriu-a devagar e viu uma identificação.

– Essa não! – assustou-se ao ver sua foto, porém o nome que constava era de outra pessoa.

Uma voz, uma lembrança, veio a sua mente: "P*oderá ser tragado pela passagem do tempo e enviado para qualquer época: passado, futuro ou até mesmo para uma dimensão paralela, transformando-se em outra pessoa.*"

Naquele instante, outra personalidade assumiu o controle de sua vontade. Sem mais forças para reagir, sucumbiu. Afinal, talvez essa fosse a única maneira de decifrar os enigmas daquele caso misterioso que estava por começar:

O CASO DO ARQUEÓLOGO COM SUAS INCÓGNITAS

Em uma hora qualquer de um dia qualquer, fomos chamados, eu e minha parceira, para mais um misterioso caso. Sem saber ainda se envolvia alienígenas, paranormalidade ou um assalto mal resolvido.

A agente Scuta era uma pessoa que não acreditava nas suas intuições, somente nos fatos. Eu, agente Mordy, achava que tudo era possível. Bastava acreditar que tudo poderia virar realidade.

Logo percebi que eu e minha parceira iríamos discutir muitíssimo.

Chegando ao local, tirei do meu terno preto a minha identificação de agente especial do F.B.I. (Funcionários Bonitos de Investigação) e a mostrei aos policiais. Logo tomamos controle da situação e começamos a obter informações com os paramédicos que já estavam retirando o corpo de um homem que fora assassinado.

Descobrimos tratar-se de um professor de arqueologia que havia sido morto por uma flecha que atingiu direto o coração. Uma flecha com aspecto de nova, mas com o mesmo estilo das armas gregas, encontradas somente em museus.

Ao lado do corpo, havia algo semelhante a um papiro e mais um papel comum, que parecia a tradução do documento antigo com os seguintes dizeres:

LAT

Os centauros são 8 anos mais velhos que os sátiros. A soma de suas idades é 42. Quantos anos têm os centauros?

MARC

A soma dos três números de uma subtração é 204 e a soma do minuendo com o resto é 102. Qual será o resto e o subtraendo?

LON

Numa floresta vimos centauros e sátiros num total de 20. A soma das patas desses seres mitológicos era 72.

Quantos seres há de cada espécie?

TEMP

Temos bilhões de anos e a luz é lenta. A porta é a solução.

A parte do papel, onde possivelmente estavam as respostas, havia sido rasgada.

Alguém morreu porque sabia demais e tínhamos que descobrir como chegar às respostas para desvendar todo o caso. Quem matou? Qual era a importância do papel? Que mistério envolvia aquela flecha? E o mais importante: onde está o café que eu pedi há um tempão?

Começamos com a primeira pergunta dividindo-a em partes para que ficasse mais fácil de entender.

A agente sugeriu que passássemos para o computador, mas eu resolvi usar papel e lápis e colocar tudo em linguagem matemática.

Os centauros são 8 anos mais velhos do que os sátiros, então:

$C = S + 8$

A soma das idades é igual a 42, logo:

$C + S = 42$

Substituindo o valor de C por S + 8 na segunda conta, temos:

$S + 8 + S = 42$

Juntando letras com letras dá:

$2S + 8 = 42$

Para achar o valor de S (a idade de sátiros) basta ISOLAR a letra dos números:

$2S = 42 - 8$, então: $2S = 34$

– Ah! – disse a agente surpresa. – O sinal de igual funciona como um espelho. Quando passamos o 8 para o outro lado ele inverte a operação. Se ele estava somando, agora ele está subtraindo. Muito interessante! E agora, Mordy?

– Ora, 2S é na verdade duas vezes S, uma multiplicação. Se 2 é um número vamos isolá-lo da letra. Vamos passá-lo para o outro lado invertendo a operação de multiplicar por dividir, desse modo:

$S = 34 : 2$, então: $\mathbf{S = 17}$

Por favor, Scuta:

JAMAIS confunda
$S + S = 2S$ *com* $S \times S = S^2$

– OK, Mordy!

– Continuando:

$S = 17$ anos (idade dos sátiros)

– É claro! Eu é que deveria ter pensado nisso, mas estou mesmo é preocupada com as letras **LAT**. O que pode ser, Mordy?

– Ainda não sei, mas vou descobrir. Deixe-me terminar essa primeira pergunta, Scuta.

– Certo!

– Se $S = 17$ e $C = S + 8$

$C = 17 + 8$

$C = 25$

Resposta: **os centauros têm 25 anos.**

“Seguimos para a segunda pergunta, também dividindo-a em partes:

"A soma de três números: A + B + C"

– Mas neste caso são três números de uma subtração. Como pode ser? – Scuta estava muita concentrada no problema.

– Uma subtração é composta de:

Minuendo – Subtraendo = Resto ou M – S = R

"A frase é: a soma de três números de uma subtração.

"Pegando as três letras da subtração:

M + S + R e igualando a 204

M + S + R = 204

"A outra parte: a soma do minuendo com o resto é 102, então:

M + R = 102

"Temos M + S + R = 204

M + R = 102

M - S = R

"E AGORA o xeque-mate!

"Isolando a letra M das outras letras onde:

M - S = R, logo: M = R + S

"Substituindo em: M + S + R = 204"

– Já sei! M + M = 204, sempre substituindo, não é? – observou Scuta. –

– Continuando:

2M = 204, então: M = 204 : 2 logo M = 102

"Para achar R e S:

M + R = 102

"Se M = 102, então: R = 0

"Só falta achar o S.

$M - S = R \qquad 102 - S = 0$

$102 = S$, ou melhor: $S = 102$

"Resposta**: o resto é igual a zero e o minuendo e o subtraendo são iguais a 102.**"

– Legal! – Scuta estava ansiosa por terminar. – Só que ainda falta descobrir o que significa **LAT** e **MARC**.

– Agora, a última pergunta, dividindo em partes, minha amiga. Numa floresta vimos centauros e sátiros num total de 20.

– Ah, essa parte é fácil – disse a minha parceira mostrando como resolver:

$C + S = 20$

– Certo! Mas e a outra parte? – eu observei. – O total de patas desses seres mitológicos era 72. Quantos seres há de cada espécie?

Nós dois fomos procurar um lugar de pesquisas para buscar mais informações.

No dia seguinte, depois de passarmos a noite na biblioteca, conseguimos descobrir alguns fatos reveladores sobre o caso:

1) Tanto os centauros quanto os sátiros eram criaturas das lendas da antiga Grécia, de antes de Cristo.

2) Centauros eram seres que, da cintura para cima, tinham a forma de homem e, da cintura para baixo, de cavalo. Tinham, portanto, quatro patas.

3) Sátiros eram criaturas peludas e feias, que viviam pelas florestas tocando flauta. A parte de cima do corpo era humana e a outra, de um bode. Porém, eram eretos como os homens normais, possuindo apenas duas patas.

4) Os centauros usavam arco e flecha para caçar ou guerrear.

– Então: cada centauro possui quatro patas – eu disse. Apesar de estar exausto, insisti em irmos até o fim. – Cada sátiro, duas patas. Logo:

$C + S = 20$

$4C + 2S = 72$

– E agora, Mordy?

Continuei mostrando a Scuta.

– Isolando S:

$S = 20 - C$

“Substituindo em $4C + 2S = 72$

“Fica: $4C + 2(20 - C) = 72$

$4C + 40 - 2C = 72$

$4C - 2C = 72 - 40$

$2C = 32$

$C = 32 : 2$

$C = 16$

“Substituindo:

$S = 20 - C$

$S = 20 - 16$

$S = 4$

“Resposta: **Há 16 centauros e 4 sátiros.**”

– Como sairemos dessa, Mordy? Estou cheia desses seres que nem existiram. Eles eram apenas mitos que os gregos inventaram.

– Lá vem você não acreditando em nada. Escute, Scuta! Eu acredito que estamos diante de um caso muito grande – tenso, fico andando de um lado para o outro. – Algo, talvez, fora da nossa compreensão. Talvez...

– Talvez, o quê? – ela ficou intrigada.

Eu parei para respirar fundo e tomar coragem para contar aquilo que me afligia.

– Talvez, Scuta... Talvez algo fora desse mundo. Essas criaturas não são apenas lendas, mas...

– Massss? – ela, apesar de sua descrença, já estava preocupada com a revelação.

– Talvez – prossegui. – essas criaturas existam aqui ou em outro planeta! Suspeito de que as respostas, os números encontrados, são COORDENADAS. LAT significa latitude, MARC significa marco e LON...

– Significa longitude – completou a minha parceira, assustada com a possibilidade de eu, o amigo criativo, pela primeira vez, estar realmente correto. – LAT é latitude, no caso, 25 graus. MARC significa marco, pelos cálculos tem o valor zero e 102... E LON, longitude 16 e 4?

– Não! Não 16 e 4, mas, sim, 164 graus!

– E o TEMP, Mordy? Aquela frase estranha: "Temos bilhões de anos e a luz é lenta... A porta é a solução", O que ela significa?

– É a chave de tudo, Scuta. O tempo é o quanto levaríamos para chegar lá... Bilhões de anos luz! "A porta é a solução" refere-se a um portal do tempo. Marco igual a zero quer dizer o ponto saindo da Terra. Marco = 102 significa a distância do ponto ZERO, a Terra, ao outro ponto fora do nosso planeta. São 102 bilhões de anos-luz para chegar lá, partindo da latitude e da longitude calculadas.

Eu peguei rapidamente um mapa, marquei as coordenadas e fiquei impressionado com o que descobri:

– Essas coordenadas são de uma região perto do trópico de Câncer, no golfo do México. Verifique você mesma, Scuta!

Ela pegou uma régua e refez os cálculos, várias e várias vezes. Exausta, voltou-se para mim, que me mantinha crédulo, e falou atemorizada:

– Deve haver algum engano. Essa é a região do triângulo das Bermudas, famosa pelo desaparecimento de navios e aviões sem vestígios...

Eu e ela nos encaramos e percebemos que estávamos certos, mas concluímos que esse seria outro caso em que nossos chefes não iriam acreditar. Não havia evidências concretas suficientes para uma investigação. Nossas suposições seriam consideradas fantásticas demais. E, como sempre, o caso seria arquivado como sem solução. A revelação ficaria apenas entre nós. Scuta colocou sua mão na minha cabeça, enquanto eu me encontrava sentado numa cadeira segurando o mapa.

– Vamos para casa, Mordy. Precisamos descansar. Amanhã será um outro amanhã.

– Será, Scuta? Nesse nosso trabalho nada é o que parece ser. Muito menos as pessoas a nossa volta. – Eu me virei, lentamente, para a minha parceira com um olhar carregado de suspeita.

Ela estava inquieta. De súbito foi se mostrando assustada ao reparar no que eu ainda não tinha tomado consciência: o meu corpo estava se desmaterializando bem em frente a ela, enquanto eu era envolvido por uma nuvem azulada enigmática. Scuta tentou agarrar minha mão, mas a distância entre nós somente aumentava. Minhas mãos foram se tornando transparentes, pequenas e jovens, tal como minha face foi tomando a forma de um jovem. Os meus cabelos estavam desgrenhados... Agora, eu era um jovem estranho, usando um boné que estava desaparecendo, levado para outra dimensão através de uma nuvem azulada do tempo, sem deixar pistas de meu destino.

NOTAS DA AUTORA

1. SHERLOCK HOLMES

O grande mestre da dedução foi criado por Sir Arthur Conan Doyle (1859-1930), médico e escritor inglês que popularizou o romance policial com as histórias narradas pelo inseparável parceiro de Holmes, doutor Watson.

Os melhores contos desse detetive são: *Estudo em escarlate* (1887), *O signo dos quatro* (1890) e *O cão de Baskerville* (1902). Na ocasião em que Conan Doyle "tentou" escrever a última aventura de Holmes, dando como final a morte do personagem, houve um protesto público dos fiéis fãs. Doyle não teve outra alternativa a não ser escrever uma nova aventura "ressuscitando" seu imortal personagem.

2. KRAKATOA

Foi uma triste realidade. Uma das maiores erupções vulcânicas até hoje, aconteceu em uma pequena ilha deserta chamada Krakatoa, na Indonésia. Em 1883, uma erupção violentíssima fez o vulcão Perbuatam cuspir fogo a uma altura de 5km. A cratera do vulcão era monstruosa: um círculo de 7km de diâmetro. As explosões foram ouvidas na Austrália, a mais de 4000km de distância! O vulcão não parava de cuspir lava e houve várias erupções durante o ano. Toda forma de vida da ilha, animal ou vegetal, foi destruída. Por causa das explosões, vários maremotos aconteceram em diversos pontos do planeta. Perto das ilhas de Java e Sumatra, formaram-se ondas gigantescas. Mais de 36 mil pessoas morreram por causa das inundações. Cinquenta anos depois a vida voltou a Krakatoa e hoje várias espécies de plantas e pássaros vivem lá.

3. JORNADA NOS DECIMAIS

Esse capítulo é uma homenagem a uma série de TV que se você nunca ouviu falar precisa urgentemente conhecer.

"O espaço... a fronteira final. Estas são as viagens da nave estelar Enterprise, em sua missão de cinco anos para explorar novos mundos, pesquisar novas formas de vida e civilizações, audaciosamente indo onde nenhum homem jamais esteve..."

Esta era a abertura do mais famoso seriado de ficção científica, que priorizava em seus episódios teorias sobre viagens no tempo e conceitos de física, mas também abordava assuntos polêmicos como racismo, religião, política, moral. Afinal, a ficção científica de hoje frequentemente é o fato científico de amanhã. A série tornou-se um marco na história da televisão americana, apresentado em 79 episódios. Personagens da série: James T. Kirk (capitão da nave), senhor Spock (oficial de ciências, um alienígena do planeta Vulcano), Doutor McCoy (oficial médico), Scott (engenheiro chefe), Sulu (piloto), Checov (navegador) e Uhura (oficial de comunicações).

4. ARQUIVO X E Y (outra homenagem)

Ufos, mutantes assassinos, paranormalidade, fantasmas, híbridos humanos – alienígenas e tudo mais que a mente tem curiosidade em desvendar são relatados no Arquivo X, série de TV que traz dois agentes do FBI (*Federal Bureau of Investigation*), investigando casos onde os métodos convencionais falharam e que por isso foram arquivados e rotulados como "X". O "Estranho Mulder", como é chamado o agente Fox Mulder (David Duchovny) pelos métodos alucinantes usados em suas investigações, é um psicólogo formado em Ufologia, sempre disposto a acreditar que: "a verdade está lá fora" e "nós não estamos sozinhos". Para completar a dupla, sua parceira, a "difícil de convencer", como eu a chamo, é Dana Scully (Gillian Anderson). Ela é médica com doutorado em Física e dá a dose científica à série, pois só acredita no que pode ser explicado com base em fatos.

RESPOSTAS DOS DESAFIOS

Calabouço da Radiciação

Desafios dos Sábios

I) 16 de agosto
II) ano de 676

Desafio dos Cavaleiros

I) 48
II) 125
III) 37
IV) Continue lendo a história

Ao encontro do seu destino

Desafio:

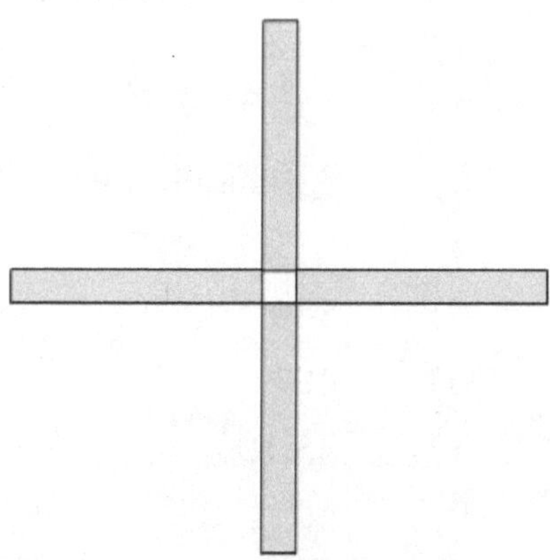

Missão Impossível

1) ½
2) 2 MOTOS

3) 90 m
4) 136 litros
5) 75 km^2
6) 304 m
7) 408 km
8) 300 e 100 kg
9) 126 km

A sorte está lançada

1) 700 cm
2) 7 m
3) 5,40 m
4) 4,08 km
5) 2 horas
6) 1,60 m
7) 1,45 m

Tempo Jurássico

1) 12%
2) 72
3) 330 habitantes
4) 14%
5) 546
6) 40%
7) 35.100
9) 40/100
10) 1

OPS!

A autora

REGINA GONÇALVES é graduada em Matemática e pós-graduada em Análise de Sistemas. Regina é apaixonada por Arte, Ciência e História Mundial, paixão que a levou a ser a autora da série de livros "Caio Zip, o Viajante do Tempo", repleta de aventuras, mistérios e desafios.

www.ingramcontent.com/pod-product-compliance
Lightning Source LLC
LaVergne TN
LVHW101942220826
846093LV00006B/87

* 9 7 8 8 5 6 3 3 8 2 5 9 7 *